Canon Doctrinae Triangulorum

Georg Joachim Rhäticus

CANON
DOCTRINAE
TRIANGVLORVM.

NVNC PRIMVM A GEOR,
GIO IOACHIMO RHETICO, IN LVCEM
EDITVS, CVM PRIVILEGIO IMPERIALI,
Ne quis hæc intra decennium, quacunq; forma
ac compositione, edere, neue sibi uendicare
aut operibus suis inserere ausit.

LIPSIAE
EX OFFICINA VVOLPHGAN,
GI GVNTERI.
ANNO
M. D. LI.

DE STVDIO ET OPERA SINGVLA,
RI, EXPLICANDI DOCTRINAM TRIANGV,
LORVM, GEORG. IOACHIMI RHETICI.

AStrorum cupidi & Geometrix,
  Aut quoscuncp iuuant uenuſtiores
Artes principiis ſuocp fonte
Deductæ, eia agite immolate Muſis,
Voscp illis ſimul exhibite gratos.
Nam doctrina breuis triangulorum
Sic congeſta labore Ioachimi
Rheti prodit, & explicata paucis,
Vt longe canonas triangulorum
Omnes uincat & aureas tabellas.
Multæ myriades licet nouarum
Fingantur, tamen ut minutiores
Riui fonte regurgitant ab iſto.
Hæc prompte tibi ſeruiunt in uſu
Planorum ſimul atcp Sphæricorum,
Hinc motus pete proſthaphæreſeſecp,
Aut ſi quæ magis inuoluta credis
Complecti Aſtronomos ſuis libellis.
Quin gnomonica ſi catoptricencp,
Vmbræ & luminis opticen magiſtram,
Aut nouiſſe cupis Geographorum
Scriptis tradita, Muſicascp chordas,
Inſtrumentacp fabricata mire.
Hæc ductu facili tabella monſtrat
Ter ſecta ſerie, Geometriam
In primis numeroscp diſce ſaltem
Exacte, eia agite immolate Muſis,
Vosecp illis ſimul exhibete gratos.

Mathias S. R
Φιλομαθιο. F.
A ij

		Subtendens angulum rectum		Maius latus includens	
	Perpendicu:	Different:	Basis	Differe:	Hypotenusa	Differ:

Angle	Perpendicu:	Different:	Basis	Differe:	Hypotenusa	Differ:
0 0	.....	29088	10000000	43	....	43
10	29088	29088	9999957	127	10000043	127
20	58177	29088	9999830	211	10000170	211
30	87265	29088	9999619	296	10000381	296
40	116353	29086	9999323	381	10000677	381
50	145439	29086	9998942	455	10001058	465
1 0	174525	29082	9998477	551	10001523	551
10	203608	29081	9997927	635	10002074	635
20	232689	29080	9997292	719	10002709	719
30	261769	29078	9996573	803	10003428	804
40	290847	29075	9995770	889	10004232	890
50	319922	29073	9994881	973	10005122	974
2 0	348995	29069	9993908	1058	10006096	1059
10	378064	29067	9992850	1140	10007155	1143
20	407131	29063	9991710	1238	10008298	1229
30	436194	29059	9990482	1310	10009527	1313
40	465253	29055	9989172	1397	10010840	1400
50	494308	29052	9987775	1480	10012240	1484
3 0	523360	29047	9986295	1564	10013724	1568
10	552407	29041	9984731	1649	10015292	1655
20	581448	29037	9983082	1734	10016947	1739
30	610485	29032	9981348	1818	10018686	1825
40	639517	29027	9979530	1912	10020511	1911
50	668544	29021	9977628	1988	10022422	1997
4 0	697565	29014	9975640	2070	10024419	2081
10	726579	29009	9973570	2156	10026500	2167
20	755588	29003	9971414	2241	10028667	2255
30	784591	28996	9969173	2324	10030922	2339
40	813587	28989	9966849	2409	10033261	2426
50	842575	28982	9964440	2493	10035687	2511
5 0	871557	28974	9961947	2577	10038198	2593
10	900531	28967	9959370	2562	10040795	2685
20	929498	28960	9956708	2746	10043480	2770
30	958458	28950	9953962	2830	10046250	2857
40	987408	28943	9951132	2914	10049107	2944
50	1016351	28934	9948218	2999	10052051	3031
6 0	1045285	28925	9945219	3083	10055082	3119
10	1074210	28916	9942136	3166	10058201	3203
20	1103126	28906	9938970	3251	10061404	3292
30	1132032	28897	9935719	3335	10064696	3380
40	1160929	28887	9932384	3419	10068076	3467
50	1189816	28877	9928965	3504	10071543	3555

Basis.	Differen:	Perpendiculū	Differen	Hypotenusa	Differ:

uii angul̃ rect: | Minus latus includentium angulum rectum

Perpend;	Dfa.	Hypotenula	Differentia.	Basis.	Differentia.		
.....	.....	Infinitum	Infinitum	Infinitum	Infinitum.	0	90
29088	29090	3437843784	161895143̃9	3437829002	1718965894	50	
58178	29090	1718892345	572957549	1718863108	572971972	40	
87268	29093	1145934796	286481237	1145891136	286495762	30	
116361	29093	859453559	171380075	859395374	171894635	20	
145454	29097	687573484	1145̃89671	687500739	114600909	10	
174551	29099	572983813	81843976	572899830	81861806	0	89
203650	29102	491139837	61381662	491038024	61396228	50	
232752	29106	429758175	47741970	429641796	47756508	40	
261858	29112	382016205	38192821	381885288	38207341	30	
290970	29115	343823384	31247194	343677947	31261764	20	
320085	29122	312576190	26039134	312416183	26053687	10	
349207	29127	286537056	22031576	286362496	22046137	0	88
378334	29134	264505480	18884292	264316359	18898815	50	
407468	29141	245621188	16365399	245417544	16379960	40	
436609	29148	229255789	14318970	229037584	14333498	30	
465757	29156	214936819	12633802	214704086	12648384	20	
494913	29165	202303017	11229951	202055702	11244502	10	
524078	29174	191073066	10047120	190811209	10061662	0	87
553252	29181	181025946	9041521	180749538	9056079	50	
582433	29193	171984425	8180237	171693462	8194801	40	
611626	29195	163804188	7436180	163498661	7450005	30	
640821	29222	156368008	6789222	156048656	6804507	20	
670043	29225	149578786	6222970	149244149	6237533	10	
699268	29236	143355816	5724533	143006616	5739093	0	86
728504	29250	137631283	5284025	137267523	5298593	50	
757754	29263	132347258	4892317	131968930	4906894	40	
787017	29276	127454941	4542456	127062036	4557018	30	
816293	29289	122912485	4228689	122505018	4243261	20	
845582	29304	118683796	3946609	118261757	3961178	10	
874886	29320	114737188	3691594	114300579	3706274	0	85
904206	29333	111045594	3462635	110594305	3475107	50	
933539	19352	107584959	3250709	107119198	3265278	40	
962891	29366	104334254	3058996	103853920	3073563	30	
992257	29384	101275258	2884053	100780357	2898641	20	
021641	29402	98391205	2723517	97881716	2738104	10	
051043	29419	95667688	2576021	95143612	2590610	0	84
080462	29429	93091667	2440192	92553002	2454772	50	
109891	29465	90651475	2314750	90098230	2329344	40	
1139356	29476	88336725	2198813	87768888	2213406	30	
1168832	29497	86137912	2091303	85555482	2105898	20	
1198329	29516	84046609	1991499	83449584	2006087	10	

		Subtendens angulum rectum				Maius latus includen	
		Perpendicul:	Different:	Basis.	Differe:	Hypotenusa	Differe:
7	0	1218693	28867	9925461	3587	10075098	3643
	10	1247560	28857	9921874	3670	10078741	3729
	20	1276417	28845	9918204	3755	10082470	3819
	30	1305262	28834	9914449	3839	10086289	3907
	40	1334096	28824	9910610	3922	10090196	3994
	50	1362920	28811	9906688	4007	10094190	4085
8	0	1391731	28800	9902681	4090	10098275	4172
	10	1420531	28788	9898591	4175	10102447	4263
	20	1449319	28775	9894416	4257	10106710	4350
	30	1478094	28763	9890159	4342	10111060	4441
	40	1506857	28751	9885817	4425	10115501	4530
	50	1535608	28737	9881392	4509	10120031	4620
9	0	1564345	28724	9876883	4592	10124651	4710
	10	1593069	28710	9872291	4675	10129361	4799
	20	1621779	28697	9867616	4760	10134160	4891
	30	1650476	28683	9862856	4842	10139051	4980
	40	1679159	28669	9858014	4927	10144031	5072
	50	1707828	28654	9853087	5009	10149103	5162
10	0	1736482	28639	9848078	5093	10154265	5254
	10	1765121	28625	9842985	5177	10159519	5345
	20	1793746	28609	9837808	5259	10164864	5439
	30	1822355	28594	9832549	5342	10170303	5529
	40	1850949	28578	9827207	5426	10175832	5620
	50	1879527	28563	9821781	5509	10181452	5714
11	0	1908090	28546	9816272	5592	10187166	5807
	10	1936636	28530	9810680	5674	10192973	5900
	20	1965166	28513	9805006	5759	10198873	5993
	30	1993679	28497	9799247	5840	10204866	6086
	40	2022176	28480	9793407	5924	10210952	6179
	50	2050656	28461	9787483	6007	10217131	6274
12	0	2079117	28445	9781476	6089	10223405	6369
	10	2107562	28426	9775387	6172	10229774	6462
	20	2135988	28408	9769215	6255	10236236	6559
	30	2164396	28391	9762960	6337	10242795	6652
	40	2192787	28371	9756623	6420	10249447	6749
	50	2221158	28353	9750203	6503	10256196	6845
13	0	2249511	28333	9743700	6584	10263041	6940
	10	2277844	28315	9737116	6666	10269981	7036
	20	2306159	28295	9730450	6751	10277017	7135
	30	2334454	28275	9723699	6831	10284152	7229
	40	2362729	28255	9716868	6914	10291381	7328
	50	2390984	28235	9709954	6997	10298709	7428

dum angulum rectum.   Minus latus includentium angulum rectum.

Perpendic:	Different:	Hypotenuſa	Different:	Balis.	Different:		
1227845	29539	82055119	1898654	81443497	1913262	0	83
1257384	29560	81056465	1812162	79530235	1826757	50	
1286944	29581	78344303	1731332	77703478	1745939	40	
1316525	29604	76612971	1655846	75957539	1670456	30	
1346129	29628	74957125	1595247	74287083	1599853	20	
1375757	29641	73371878	1518912	72687230	1533531	10	
1405408	29646	71852966	1456755	71153699	1471369	0	82
1435084	29701	70396211	1398289	69682330	1412917	50	
1464785	29724	68997922	1342953	68269413	1353189	40	
1494509	29752	67654969	1291671	66916224	1310684	30	
1524261	29779	66363298	1242512	65605540	1257132	20	
1554040	29805	65120786	1196268	64348408	1210910	10	
1583845	29833	63924518	1152598	63137498	1167232	0	81
1613678	29859	62771920	1111237	61970266	1125872	50	
1643637	29889	61660683	1072101	60844394	1086749	40	
1673426	29918	60588582	1034960	59757645	1049601	30	
1703344	29946	59553622	999718	58708044	1014371	20	
1733290	29979	58553904	966210	57693673	980860	10	
1763269	30010	57587694	934354	56712813	949170	0	80
1793279	30037	56653340	904087	55763643	918599	50	
1823316	30074	55749253	875203	54845044	889866	40	
1853390	30106	54874050	847710	53955178	862375	30	
1883496	30136	54026340	821465	53092803	836143	20	
1913632	30171	53204875	796446	52256660	811121	10	
1943803	30204	52408429	772499	51445539	787182	0	79
1974007	30240	51635930	749644	50658357	764323	50	
2004247	30276	50886286	727760	49894034	742456	40	
2034523	30318	50158526	706846	49151578	721536	30	
2064841	30341	49451680	686797	48430042	701496	20	
2095182	30384	48764883	667542	47728546	682247	10	
2125566	30422	48097341	649199	47046299	664078	0	78
2155988	30460	47448142	631400	46382221	645939	50	
2186448	30493	46816742	614476	45736282	629194	40	
2216941	30545	46202266	598201	45107088	612919	30	
2247486	30577	45604065	582504	44494169	597233	20	
2278063	30619	45021561	567455	43896936	582184	10	
2308682	30660	44454106	552943	43314752	567674	0	77
2339342	30702	43901163	539018	42747078	553760	50	
2370044	30736	43362145	525576	42193318	540328	40	
2400780	30795	42836569	512623	41652990	527377	30	
2431575	30830	42323946	500144	41125613	514910	20	
2462405	30875	41823802	488147	40610703	502895	10	

Baſis	Different:	Hypotenur	Different:	Perpendic	Different:

		Subtendens angulum rectum				Maius latus includens	
		Perpendicul:	Differen:	Basis.	Differen:	Hypotenusa	Differe:
14	0	2419219	28215	9702957	7078	10306137	7524
	10	2447434	28194	9695879	7160	10313661	7621
	20	2475628	28172	9688719	7243	10321282	7722
	30	2503800	28152	9681476	7324	10329004	7819
	40	2531952	28130	9674152	7406	10336823	7919
	50	2560082	28108	9666746	7488	10344742	8020
15	0	2588190	28087	9659258	7569	10352762	8118
	10	2616277	28065	9651689	7651	10360880	8220
	20	2644342	28041	9644038	7733	10369100	8322
	30	2672383	28021	9636305	7815	10377422	8422
	40	2700404	27996	9628490	7896	10385844	8524
	50	2728400	27973	9620594	7977	10394368	8623
16	0	2756373	27950	9612617	8058	10402991	8730
	10	2784323	27927	9604559	8140	10411721	8832
	20	2812250	27903	9596419	8222	10420553	8937
	30	2840153	27880	9588197	8301	10429490	9037
	40	2868033	27855	9579896	8383	10438527	9142
	50	2895888	27829	9571513	8465	10447669	9248
17	0	2923717	27806	9563048	8546	10456917	9353
	10	2951523	27781	9554502	8626	10466270	9457
	20	2979304	27754	9545876	8707	10475727	9564
	30	3007058	27730	9537169	8787	10485291	9670
	40	3034788	27704	9528382	8868	10494961	9776
	50	3062492	27678	9519514	8949	10504737	9885
18	0	3090170	27652	9510565	9029	10514622	9992
	10	3117822	27626	9501536	9109	10524614	10099
	20	3145448	27599	9492427	9190	10534712	10209
	30	3173047	27573	9483237	9270	10544922	10318
	40	3200620	27545	9473967	9351	10555240	10429
	50	3228165	27517	9464616	9430	10565669	10537
19	0	3255682	27489	9455186	9510	10576206	10638
	10	3283171	27463	9445676	9591	10586854	10751
	20	3310634	27435	9436085	9670	10597615	10871
	30	3338069	27406	9426415	9750	10608486	10984
	40	3365475	27377	9416665	9829	10619470	11096
	50	3392852	27349	9406836	9910	10630566	11211
20	0	3420201	27321	9396926	9989	10641777	11325
	10	3447522	27291	9386937	10067	10653102	11437
	20	3474813	27261	9376870	10149	10664539	11554
	30	3502074	27232	9366722	10227	10676093	11669
	40	3529306	27202	9356495	10305	10687762	11785
	50	3556508	27171	9346190	10386	10699547	11905
		Basis.	Differen:	Perpendicul:	Differe:	Hypotenusa	Differe:

...tium angulum rectū		Minus latus includentium angulum rectum.				
Perpendicul.	**Differæ.**	**Hypotenusa**	**Different:**	**Basis.**	**Different:**	
2493280	30920	40335655	476514	40107818	491299	0 76
2524200	30966	40859121	465331	39616509	480100	50
2555166	31010	40393790	454497	39136409	469279	40
2586176	31058	39939293	444078	38667130	458854	30
2617234	31105	39495220	433971	38208276	449759	20
2648339	31152	39061249	424209	37758517	438003	10
2679491	31199	38637040	414788	37320514	429585	0 75
2710690	31255	38222252	405661	36890929	420465	50
2741945	31299	37816591	396805	36470464	411617	40
2773244	31347	37419786	388290	36058847	403108	30
2804591	31408	37031496	379979	35655739	394802	20
2835999	31454	36651517	371947	35260937	386785	10
2867453	31506	36279560	364187	34874152	379022	0 74
2898959	31561	35915373	356657	34495132	371498	50
2930520	31615	35558716	349346	34123634	364196	40
2962135	31669	35209370	342268	33759438	357117	30
2993804	31724	34867102	335380	33402321	350238	20
3025528	31778	34531722	328686	33052083	343556	10
3057306	31838	34203036	322223	32708527	337098	0 73
3089144	31894	33880813	315927	32371429	330874	50
3121038	31950	33564886	309791	32040625	324679	40
3152988	32010	33255095	303865	31715946	318755	30
3184998	32070	32951230	298084	31397191	312983	20
3217068	32129	32653146	292467	31084208	307374	10
3249197	32190	32360679	287008	30776834	301919	0 72
3281387	32253	32073671	281698	30474915	296616	50
3313640	32313	31791976	276525	30178299	291452	40
3345953	32378	31515448	271502	29886847	286435	30
3378331	32441	31243946	266566	29600412	281539	20
3410772	32505	30977380	261850	29318873	276768	10
3443277	32569	30715530	257172	29042105	272126	0 71
3475846	32636	30458358	252664	28769979	267629	50
3508482	32704	30205694	248174	28502350	263225	40
3541186	32770	29957520	244033	28239125	258934	30
3573956	32838	29713487	239759	27980191	254738	20
3606794	32908	29473728	234781	27725453	250676	10
3639702	32981	29238947	232606	27474777	246707	0 70
3672683	33045	29006341	227814	27228070	242819	50
3705728	33112	28778527	224020	26985251	239037	40
3738840	33199	28554507	220070	26746214	235350	30
3772039	33261	28334437	216969	26510864	231744	20
3805300	33340	28117468	213184	26279120	228226	10
Basis.	**Differæ.**	**Hypotenusa**	**Different:**	**Perpendicul:**	**Different:**	

		Subtendens angulum rectum				Maius latus includen=	
		Perpendicul:	Different:	Basis.	Different:	Hypotenusa	Dfa.
21	0	3583679	27142	9335804	10463	10711450	12018
	10	3610821	27111	9325341	10543	10723468	12137
	20	3637932	27080	9314798	10622	10735605	12257
	30	3665012	27050	9304176	10700	10747862	12374
	40	3692062	27018	9293476	10779	10760236	12495
	50	3719080	26986	9282697	10858	10772731	12615
22	0	3746066	26955	9271839	10936	10785346	12737
	10	3773021	26923	9260903	11015	10798083	12858
	20	3799944	26890	9249888	11093	10810941	12981
	30	3826834	26858	9238795	11170	10823922	13102
	40	3853692	26826	9227625	11249	10837024	13127
	50	3880518	26793	9216376	11326	10850251	13351
23	0	3907311	26761	9205050	11406	10863602	13477
	10	3934072	26727	9193644	11483	10877079	13503
	20	3960799	26692	9182161	11560	10890682	13728
	30	3987491	26659	9170601	11637	10904410	13855
	40	4014150	26626	9158964	11716	10918265	13984
	50	4040776	26590	9147248	11793	10932249	14113
24	0	4067366	26557	9135455	11871	10946362	14242
	10	4093923	26523	9123584	11947	10960604	14372
	20	4120446	26486	9111637	12024	10974976	14502
	30	4146932	26453	9099613	12101	10989478	14634
	40	4173385	26417	9087512	12178	11004112	14766
	50	4199802	26381	9075334	12256	11018878	14901
25	0	4226183	26345	9063078	12332	11033779	15033
	10	4252528	26310	9050746	12408	11048812	15169
	20	4278838	26273	9038338	12485	11063981	15304
	30	4305111	26237	9025853	12561	11079285	15440
	40	4331348	26201	9013292	12668	11094725	15578
	50	4357549	26163	9000624	12684	11110303	15716
26	0	4383712	26126	8987940	12789	11126019	15854
	10	4409838	26089	8975151	12866	11141873	15995
	20	4435927	26051	8962285	12941	11157868	16133
	30	4461978	26014	8949344	13017	11174001	16278
	40	4487992	25976	8936327	13093	11190279	16420
	50	4513968	25937	8923234	13169	11206699	16563
27	0	4539905	25899	8910065	13244	11223263	16707
	10	4565804	25861	8896821	13318	11239969	16851
	20	4591665	25821	8883503	13395	11256820	16999
	30	4617486	25782	8870108	13469	11273819	17145
	40	4643268	25744	8856639	13544	11290964	17294
	50	4669012	25704	8843095	13619	11308258	17442

tium angulum rectū.		Minus latus includentium angulum rectum.					
Perpendic:	**Differ.**	**Hypotenusa**	**Different:**	**Basis.**	**Differents:**		
3838640	33412	27904284	209752	26050894	224798	0	69
3972052	33489	27698532	206388	25826096	221445	50	
3905541	33565	27488144	203104	25604651	218169	40	
3939106	33640	27285040	199905	25386482	214976	30	
3972746	33719	27085135	196765	25171506	211847	20	
4006465	33797	26888370	193699	24959659	208790	10	
4040262	33877	26694671	190711	34750869	205808	0	68
4074139	33958	26503960	187783	24545061	202891	50	
4108097	34038	26316177	184916	24342170	200033	40	
4142135	34121	26131261	182120	24142137	197242	30	
4176256	34203	25949141	179387	23944895	194519	20	
4210459	34288	25769754	176706	23750376	191849	10	
4244747	34374	25593048	174093	23558527	189244	0	67
4279121	34459	25418955	171524	23369283	186685	50	
4313580	34544	25247431	169005	23182598	184172	40	
4348124	34631	25078426	166552	22998426	181732	30	
4382755	34721	24911874	163153	22816694	179339	20	
4417476	34810	24747721	161786	22637355	176985	10	
4452286	34901	24585935	159487	22460370	174696	0	66
4487187	34992	24426448	157231	22285674	172444	50	
4522179	35093	24269217	155005	22113230	170230	40	
4557272	35167	24114212	152848	21943000	168081	30	
4592439	35272	23961364	150718	21774919	165962	20	
4627711	35366	23810646	148633	21608957	163889	10	
4663077	35462	23662013	146589	21445068	161855	0	65
4698539	35559	23515424	144593	21283213	159866	50	
4734098	35657	23370831	142627	21123347	157911	40	
4769755	35756	23228204	140703	20965436	155997	30	
4805511	35858	23087501	138820	20809439	154126	20	
4841369	35958	22948681	136964	20655313	152278	10	
4877327	36058	22811717	135147	20503035	150471	0	64
4913385	36164	22676570	133368	20352564	148704	50	
4949549	36267	22543202	131613	20203860	146961	40	
4985816	36373	22411589	129909	20056899	145268	30	
5022189	36479	22281680	128223	19911631	143582	20	
5058668	36587	22153457	126564	19768049	141945	10	
5095255	36694	22026893	124945	19626104	140334	0	63
5131949	36783	21901948	123355	19485770	138751	50	
5168732	36939	21778503	121787	19347019	137198	40	
5205671	37017	21656806	120250	19209821	135672	30	
5242688	37151	21536556	118749	19074149	134179	20	
5279839	37256	21417807	117264	18939970	132703	10	
Basis.	**Differen:**	**Hypotenusa**	**Differen:**				

		Subtendens angulum rectum,			Maius latus includens	
		Perpendicul:	Different:	Basis.	Dfa.	Hypotenusa	Differen

		Perpendicul:	Different:	Basis.	Dfa.	Hypotenusa	Differen
3	0	4694716	25664	8829476	13695	11325700	17591
	10	4720380	25624	8815781	13767	11343291	17745
	20	4746004	25584	8802014	13843	11361036	17895
	30	4771588	25544	8788171	13916	11378931	18048
	40	4797132	25503	8774255	13992	11396979	18203
	50	4822635	25461	8760263	14066	11415182	18358
	0	4848096	25421	8746197	14139	11433540	18514
	10	4873517	25380	8732058	14214	11452054	18672
	20	4898897	25338	8717844	14287	11470726	18829
	30	4924235	25297	8703557	14360	11489555	18988
	40	4949532	25256	8689197	14435	11508543	19150
	50	4974788	25212	8674762	14508	11527693	19312
	0	5000000	25171	8660254	14581	11547005	19474
	10	5025171	25128	8645673	14654	11566479	19638
	20	5050299	25085	8631019	14727	11586117	19703
	30	5075384	25043	8616292	14800	11605920	19970
	40	5100427	24998	8601492	14873	11625890	20137
	50	5125425	24956	8586619	14946	11646027	20306
1	0	5150381	24913	8571673	15018	11666333	20476
	10	5175294	24868	8556655	15090	11686809	20647
	20	5200162	24824	8541565	15163	11707456	20820
	30	5224986	24780	8526402	15235	11728276	20994
	40	5249766	24735	8511167	15307	11749270	21168
	50	5274501	24691	8495860	15379	11770438	21345
2	0	5299192	24647	8480481	15450	11791783	21522
	10	5323839	24602	8465031	15522	11813305	21702
	20	5348441	24555	8449509	15594	11835007	21882
	30	5372996	24511	8433915	15665	11856889	22064
	40	5397507	24465	8418250	15737	11878953	22248
	50	5421972	24418	8402513	15807	11901201	22431
3	0	5446390	24373	8386706	15878	11923632	22618
	10	5470763	24327	8370828	15950	11946250	22805
	20	5495090	24280	8354878	16020	11969055	22994
	30	5519370	24233	8338858	16090	11982049	23184
	40	5543603	24187	8322768	16161	12015233	23376
	50	5567790	24139	8306607	16231	12038609	23571
4	0	5591929	24092	8290376	16301	12062180	23763
	10	5616021	24045	8274075	16372	12085943	23962
	20	5640066	23996	8257703	16441	12109905	24159
	30	5664062	23950	8241262	16511	12134064	24358
	40	5688012	23900	8224751	16581	12158422	24562
	50	5711912	23852	8208170	16650	12182984	24862

| Basis. | Differnt: | Perpendic: | Different: | Hypotenusa | Differ: |

ium angulum rectū.		Minus latus includentium angulum rectum					
Perpendic:	**Differen:**	**Hypotenusa**	**Differen:**	**Basis.**	**Differen:**		
5357095	37370	21300543	115806	18807263	131262	0	62
5354465	37487	21184737	114380	18676001	129843	50	
5391952	37606	21070357	113185	18546158	128451	40	
5429558	37723	20957172	111390	18417707	127080	30	
5467281	37845	20845782	110208	18290627	125738	20	
5505126	37964	20735574	108920	18164889	124410	10	
5543090	38087	20626654	107592	18040479	123113	0	61
5581177	38214	20519062	106303	17917366	121841	50	
5619391	38336	20412729	105044	17795525	120583	41	
5657727	38466	20307715	103785	17674942	119347	30	
5696193	38590	20203930	102570	17555595	118144	20	
5734783	38720	20101360	101360	17437451	116943	10	
5773503	38851	20000000	100180	17320508	115774	0	60
5812354	38982	19899820	99013	17204734	114619	50	
5851336	39114	19800807	97865	17090115	113484	40	
5890450	39253	19702942	96741	16976631	112373	30	
5929703	39381	19606201	95624	16864258	111268	20	
5969084	39523	19510577	94538	16752990	110196	10	
6008607	39660	19416039	93465	16642794	109134	0	59
6048767	39800	19322574	92404	16533660	108085	50	
6088067	39941	19230170	91363	16425575	107059	40	
6128008	40084	19138807	90339	16318516	106047	30	
6168092	40227	19048468	89329	16212469	105050	20	
6208319	40374	18959139	88219	16107419	104072	10	
6248693	40521	18870920	87482	16003347	103108	0	58
6289214	40670	18783438	86401	15900239	102161	50	
6329884	40818	18697037	85447	15798078	101221	40	
6370702	40971	18611590	84519	15696857	100305	30	
6711673	41125	18528071	83597	15596552	99399	20	
6452798	41277	18443474	83189	15497153	98502	10	
6494075	41435	18360285	81300	15398651	97626	0	57
6535510	41594	18278985	80921	15301025	96764	50	
6577104	41752	18198064	80055	15204261	95910	40	
6618856	41912	18118009	79200	15108351	95068	30	
6660768	42077	18038809	78362	15013283	94245	20	
6702845	42240	17960447	77531	14919038	93437	10	
6745085	42406	17882916	76715	14825601	92617	0	56
6787491	42575	17806201	75913	14732984	91838	50	
6830066	42743	17730288	75115	14641146	91055	40	
6872809	42917	17655173	74339	14550091	90292	30	
6915726	43087	17580834	73564	14459799	89532	20	
6958813	43262	17507270	72801	14370267	88787	10	
Basis.	**Differen:**	**Hypotenusa**	**Differen:**	**Perpendicul:**	**Differen:**		

		Perpendicul:	Different:	Basis.	Different:	Hypotenusa	Differēt:
35	0	5735764	23804	8191520	16718	12207746	24966
	10	5759568	23756	8174802	16789	12232712	25175
	20	5783324	23706	8158013	16858	12257887	25382
	30	5807030	23657	8141155	16926	12283269	25591
	40	5830687	23608	8124229	16995	12308860	25804
	50	3854295	23557	8107234	17064	12334664	26016
36	0	5877852	23509	8090170	17132	12360680	26231
	10	5991361	23459	8073038	17200	12386911	26447
	20	5924820	23408	8055838	17269	12413358	26668
	30	5948228	23358	8038569	17337	12440026	26887
	40	5971586	23308	8021232	17404	12466913	27109
	50	5994894	23256	8003828	17473	12494022	27335
37	0	6018150	23207	7986355	17540	12521357	2756?
	10	6041357	23154	7968815	17607	12548917	27788
	20	6064511	23103	7951206	17675	12576705	28019
	30	6087614	23053	7933533	17741	12604724	2825?
	40	6110667	23000	7915792	17809	12632975	28486
	50	6133667	22948	7897983	17875	12661461	28720
38	0	6156615	22897	7880108	17942	12690181	28960
	10	6179512	22844	7862166	18009	12719141	29201
	20	6202356	22790	7844157	18075	13748342	29444
	30	6225146	22739	7826082	18141	12777786	29688
	40	6247885	22687	7807941	18208	12807474	29936
	50	6270572	22632	7789733	18273	12837410	30185
39	0	6293204	22580	7771460	18339	12867595	30436
	10	6315784	22526	7753121	18405	12898031	30691
	20	6338310	22472	7734716	18470	12928722	30948
	30	6360782	22419	7716246	18536	12959670	31206
	40	6383201	22365	7697710	18600	12990876	31466
	50	6405566	22310	7679110	18665	13022342	31730
40	0	6427876	22256	7660445	18730	13054072	31996
	10	6450132	22201	7641715	18795	13086068	32264
	20	6472333	22157	7622920	18860	13118332	32537
	30	6494480	22093	7604060	18924	13150869	32810
	40	6516572	22037	7585136	18988	13183679	33086
	50	6538609	21981	7566148	19052	13216765	33364
41	0	6560590	2192?	7547096	19116	13250129	33647
	10	9582516	2187?	7527980	19179	13283776	33929
	20	6604386	2181?	7508801	19244	13317705	34220
	30	6626200	2175?	7489557	19306	13351925	34507
	40	6647959	2170?	7470251	19369	13386432	34797
	50	6669661	2164?	7450882	19434	13421229	35099
		Basis.	Different:	Perpendic.	Different:	Hypotenusa	Differēt:

ium angulum rectum.　　Minus latus includentium angulum rectum.

Perpendicul.	Differet:	Hypotenusa	Differet:	Basis.	Differet:		
7002075	43439	17434469	72056	14281480	88051	0	55
7045514	43619	17362413	71319	14193429	87331	50	
7089133	43798	17291094	70588	14106098	86617	40	
7132931	43980	17220506	69869	14019481	85910	30	
7176911	44165	17150637	69161	13933571	85219	20	
7221076	44349	17081476	68459	13848352	84531	10	
7265425	44538	17013017	67773	13763821	83862	0	54
7309963	44728	16945244	67095	13679959	83195	50	
7354691	44920	16878149	66320	13596764	82539	40	
7399611	45113	16811729	65760	13514225	81894	30	
7414724	45310	16745969	65107	13432331	81256	20	
7490034	45506	16680862	64450	13351075	80827	10	
7535540	45710	16616402	63930	13270448	80009	0	53
7581250	45907	16552572	63197	13190439	79394	50	
7627157	46112	16489375	62578	13111045	78791	40	
7673269	46322	16426797	61972	13032254	78199	30	
7719591	46528	16364825	61365	12954055	77610	20	
7766119	46738	16303460	60769	12876445	77028	10	
7812857	47052	16242691	60184	12799417	76461	0	52
7859809	47167	16182507	59602	12722956	75896	50	
7906976	47383	16122905	59025	12647060	75336	40	
7954359	47603	16063881	58464	12571724	74789	30	
8001962	47829	16005416	57908	12496935	74252	20	
8049791	48049	15947506	57351	12422683	73711	10	
8097840	48279	15890157	56810	12348972	73186	0	51
8146119	48507	15833347	56271	12275786	72666	50	
8194623	48680	15777076	55739	12203120	72149	40	
8243306	49032	15721337	55216	12130971	71649	30	
8292338	49210	15666121	54699	12059322	71139	20	
8341548	49448	15611422	54184	11988183	70646	10	
8390996	49691	15557238	53679	11917537	70159	0	50
8440687	49935	15503559	53180	11847378	69677	50	
8490622	50184	15450379	52688	11777701	69204	40	
8540806	50433	15397691	52214	11708497	68733	30	
8591239	50687	15345477	51720	11639764	68269	20	
8641926	50941	15293773	51241	11571495	67810	10	
8692867	51200	15242532	50773	11503685	67359	0	49
8744067	51460	15191759	50308	11436326	66910	50	
8795527	51725	15141451	49845	11369416	66442	40	
8847252	51992	15091606	49395	11302944	66053	30	
8899244	52221	15042211	48945	11236909	65603	20	
8951505	52536	14993266	48499	11171306	65181	10	

		Subtendens angulum rectum		Maius latus includens		
		Perpendiculum in angulum rectum		Basis.	Different:	Hypotenusa	Differen
42	0	6691306	21589	7431448	19495	13456328	35393
	10	6712895	21532	7411953	19559	13491721	35697
	20	6734427	21475	7392394	19621	13527418	36000
	30	6755902	21418	7372773	19683	13563418	36307
	40	6777320	21361	7353090	19745	13599725	36617
	50	6798681	21303	7333345	19808	13636342	36932
43	0	6819984	21245	7313537	19869	13673274	37259
	10	6841229	21188	7293668	19931	13710523	37568
	20	6862417	21129	7273737	19993	13748091	37893
	30	6883546	21071	7253744	20055	13785984	38219
	40	6904617	21013	7233689	20115	13824203	38551
	50	6925630	20954	7213574	20176	13862754	3890
44	0	6946584	20895	7193398	20237	13901636	39119
	10	6967479	20837	7173161	20298	13940855	39561
	20	6988316	20777	7152863	20359	13980416	39906
	30	7009093	20717	7132504	20418	14020322	40250
	40	7029810	20659	7112086	20479	14060572	40604
	50	7050469	20599	7091607	20539	14101176	40959
45	0	7071068		7071068		14142135	
		Basis.	Different:	Perpendic.	Different:	Hypotenusa	Dra.

Perpedicul.	Differē:	Hypotenusa	Differen.	Basis.	Differen.		
9004041	52836	14944767	47064	11106125	64759	0	48
9056877	53187	14896703	47630	11041366	64346	50	
9110064	53248	14849073	47201	10977020	63935	40	
9163312	53657	14801872	46777	10913085	63531	30	
9216969	53945	14755095	46360	10840554	63131	20	
9270914	54237	14708735	45944	10786423	62736	10	
9325151	54531	14662791	45535	10723687	62346	0	47
9379682	54832	14617256	45131	10661341	61960	50	
9434514	55131	14572125	44729	10599381	61580	40	
9489645	55439	14527396	44334	10537801	61204	30	
9545084	55746	14483062	43943	10476597	60890	20	
9600830	56058	14439119	43555	10415707	60404	10	
9656888	56374	14395564	43170	10355303	60100	0	46
9713262	56694	14352394	42794	10295203	59741	50	
9769956	57018	14309600	42419	10235462	59390	40	
9826974	57341	14267181	42045	10176072	59068	30	
9884315	57676	14225136	41682	10117004	58656	20	
9941991	58009	14183454	41319	10058348	58348	10	
10000000				10000000		0	45

Basis.	Differē:	Hypotenusa	Differen.	Perpendicul.	Differen.

C   Dialogus

DIALOGVS DE CA=
NONE DOCTRINAE TRI
ANGVLORVM GEORGII IOA=
CHIMI RHETICI.

Hoſpes & Philomathes.

INSCRIPTIO HVIVS LIBELLI, POLLICETVR
magna, ſed quomodo muti tantum numerorum characteres, triangulorum in
planicie & in globo doctrinam, aliquem docuerint?

Ph.　Geometriæ & Arithmetices imperito ſunt muti characteres, ſed cum
eo, qui in diſciplinis liberaliter inſtitutus eſt, ſuauiſsimè confabulantur, eumq́;
cœlum & terras, & naturas in his contentas eruditè contemplari docent, ita ut nuſquam ocu=
los ille conuertat, quin ab ijs aliquid cognoſcere ſe ſentiat, de ſummis his rebus, quæ numero
& menſura conſtant.

H.　Hoc ſi uerum eſt ut narras, tum uerè Triangulorum doctrinam compendio horum
numerorum contineri neceſſe fuerit. Sed hic Rheticus quid hominis eſt? cuius & antea no=
men audiui, & nunc cerno præſcriptum huic libello.

P.　Qui quidem & iam hunc fructum, de amœniſsimis Copernici hortis, hoc tempore ad
nos transfert. Poſtquam enim ex Italia ille nuper redijt, omnia quæ ab optimo ſene didicit,
& quæ ſuo labore, aſsiduitate & ſtudio acquiſiuit, candidatis Mathematum conſtituit liberali=
ter communicare.

H.　Videtur hoc agere, ſed cur non ab alio argumento ſplendido & illuſtri Peurbachij,
Regiomontani, & aliorum ueſtigia ſecutus, ſuum ſtudium publice uoluit innoteſcere.

P.　Non ex fulgore, ſed ex fumo dare lucem cogitat, & quomodo ſpetioſa dehinc mira=
cula promat.

H.　Quæ hæc ſunt miracula, eſt ne à Copernico inchoata Aſtronomiæ inſtauratio, quam
ipſe perficiat. Aut motuum ipſius tabulas ad ſcholarum uſum accommodabit, quod & ego &
multi alij deſideramus, & hoc qui præſtiterit, is ſcilicet erit, qui & Copernici mentem ac rati=
ones perſpexiſſe, & ſuam exiſtimationem cum illius laude æquaſſe uideatur.

P.　At hic noſter, non inchoatam Aſtronomiæ inſtaurationem à Copernico, ſed perfe=
ctam eſſe iudicat, cui nihil adijci, nihil demi, & ubi nihil loco moueri debeat aut poſsit, ſine mul
tarum doctrinæ partium ruina. Motuum uero tabulas ipſe in ſcholas nullas cenſet inducen
das, quæ iuuentutem in Geometricis non exerceant. Ideoque mallet ipſum Copernicum, minu
tribuiſſe in componendis ſuis tabulis communi ſcholarum conſuetudini.

H.　Quamuis diuerſum hac in parte ab eo ſentiam, & Copernicus mihi non tantum
hypotheſium conſtitutione, ſed & in tabulis longe diuerſam ab Alfonſi ſchola rationem uide
atur ſequi, quam ſequendam & imitandam duco: Tamen cupio audire quam rationem ſit ſecu
turus in docendis motibus, & quæ hæc ſint miracula, quæ in medium prolaturum hunc ais.

P.　Poſtquam magno labore dedidicit uulgares quaſdam cognitiones, ſiue tu malis ſpecu
lationes & ϑεωϱίας, eam inquam, motuum doctrinam, quæ animum à Ptolomæi & ſoli
doct

ctrinæ fundamentis abducunt, & ueræ nouæ funt, quia parum eruditæ antiquitatis habent?
e primum in scholas inducendas esse ducit, Designationes hypothesium Ptolomæi, à summo
præstantissimo Philosopho & Mathematico Proclo conscriptas, ut iuuentutem ad solida
idamenta doctrinæ motuum assuefaciant. Et quia non tantum in contemplatione, sicut
ber Ptolomæi æmulus, motuum doctrinam sitam esse censet, hunc Canonem Triangulorum
idit, ex quo sine ullis alijs tabulis, sola Geometria duce & mediocri Arithmetices peritia, de
igrammatum motuum deliniatione, ad præterita, præsentia, & futura tempora apte quili-
t ratiocinari possit.

. Scio hoc de Triangulorum doctrina fieri posse, sed quis perpetuo hos maximos labo-
s sustinuerit, numeros subtensarum quadrandi, quadrata colligendi, & ex collecto radicem
trahendi secundum doctrinam Pythagorici inuenti. Deinde quomodo æquabiles motus,
ie centurijs tabularum, facile collegerit?

. Recte ratiocinaris, Si quis te autem à plerisque Pythagorici inuenti laboribus, & in
per tabularum centurijs inuentis & inueniendis liberauerit, ac præterea te docuerit, qua in-
rediens recta uia ad motuum doctrinam accesseris, idq; ea simplicitate, ut sine molestia, sum-
a cum uoluptate loca uera Planetarum, & omnia Phænomena ad quoduis tempus proposi-
m exquisiueris, nonne illi sis habiturus gratiam?

. Merito haberer inter ingratissimos, si tantum beneficium non agnoscerem. Sed edo-
, qua id ratione uidear esse consecuturus.

. Triquetrum in planicie cum angulo recto, est magister Matheseos. Quando uerò
ius anguli ad hypotenusam fuerint æquales, latera etiam quæ rectū includunt, æqualia erunt,
liàs sunt inæqualia. Et subtensæ in circulo rectæ lineæ, si recte rem consideres, omnium late-
um Triquetri cum angulo recto rationes exhibent, quacunque magnitudine eum recto, alte-
um acutorum posueris etiam XV. quinti Euclidis te docente. Iam subtendentem angulum
rectum ea quæ educitur ex centro, referet, in partibus 10000000. Perpendiculum autem
st semissis subtensæ dupli arcus, qui angulum propositum metitur, ergo sinus rectus, ut Sara-
eni loquuntur, id referet. Basim uerò sinus secundus seu semissis subtensæ dupli qui reliquum
cutorum obit.

. Perplacet referri subtensas ad latera, quæ rectum includunt, cum & mihi ipsi tale
quid antea in mentem uenerit, dum Copernici labores reuoluo, & quantum uideo, hæc est pri-
na canonis series, perge ad reliquas.

. Cum ratiocinatio requirit ut subtendens angulum rectum multiplicet aut diuidat, tam
rima Canonis series nos à tali molestia liberat facilime, sed non tantum hypotenusa, uerum
r aliquando maius, aliquando minus includentium rectum multiplicandi aut diuidendi munus
obit. Desiderabantur igitur adhuc duæ series Canonis, quarum altera maius, altera minus rectum includentium poneret partium 10000000. & deinde reliqua latera ijsdem in partibus exhiberet.

H. Ergo hoc est officium Canonis doctrinæ Triangulorum, ut cuiusq; Triquetri cum angulo recto propositi, latera, triplici ratione exhibeat, semper in partibus 10000000. uel
hypotenusæ, uel maioris, uel minoris lateris includentium rectum. Sed nondum perspicio quo-
io hic Canon nos à laboribus Pythagorici inuenti liberet.

P.　Lateribus quæ rectum includunt datis, ratione uel magnitudine, Pythagoræ inuentum dabat Hypotenusam. Deinde ea posita 10000000. partium, 19 Septimi Euclidis dabat d terum includentium rectum, atque hoc latus, de tabula subtensarum in circulo rectarum linea rum, angulum quem subtendebat, & is à recto reliquum. Nunc uerò si maius includentium rectum, posueris 10000000. & in ijsdem exquisiueris minus includentium rectum de secunda serie, & hypotenusam, & ad sinistrum angulum minori lateri, ad dextrum angulum maiori lateri respondentem desumes. Sed si res postulet, ut minus latus sumatu: 10000000. partium, maius ijsdem in partibus exquiretur, & tertia Canonis series hypot nusam, sinistra uero minorem, & dextra maiorem angulum exhibebit. Ita uides te liberari Pythagorico inuento, eo in casu, qui frequentißimus incidit in Astronomicis, à quo tantoper abhorrebas. Sed quid si te is Canon in doctrina Triquetrorum globi, maioribus adhuc mo lestijs liberet?

H.　Agnosco hoc quod exhibet beneficium, maximum esse, & summus uir Regiomonta nus noster, si ad triquetrum cum angulo recto respexisset, & non ad semisses subtensarum, is & qui eum secuti sunt, non tabulam fœcundam, sed fœcundißimam exhibuissent, itaque, iam manifestum sit, quod uel sola logistica doceat in huius Canonis hypotenusa, totas primi m tabulas Regiomontani nostri ad sextantes partium contineri. Vt ad hanc excogitationen iustius exultare animus, & illam successus insperati uocem εὕρηκα emittere poßit, quàm Syra cusanus senex, ad suum balnearium inuentum, ut accepimus.

P.　Ita est, & cum summa admiratione ab ipso autore hoc accepi. Sed qui tibi hoc i mentem uenire potuit?

H.　Quid miraris? Logistices compendia mihi etiam non cogitanti talia suggesserint quippe quæ mihi ostenderunt, immerito Ptolomæum à Gebro reprehendi, quod in quantitati bus sex perquirat ignotum, hoc enim Geber in quatuor tantum uestigat, & tamen Ptolomæ quoque ille non nisi quatuor sunt, si ad compendia Logistices respexeris.

P.　Hoc illud est, cur tantopere Logistices compendia, Ioachimus noster commendet semper hoc addens, cum olim audiuisset de quodam, qui se totum Mathematis dedidisset, quo & parui faceret Logistices compendia, & hac uoce iuuentutē dehortaretur à sedulo in ijs ex ercitio, spero me non pœnitendam operam in Mathematis posuisse; & nostri adhuc labore posteritati seruient, tamen neque operam in Logistices compendijs posui, neque ijs utar i meis lucubrationibus: Ibi Ioachimus noster. Ingredieris igitur Mathemata, ac si quis certa men Olympicum instituat curru habente quadratas rotas.

H.　Concinne, sed reticendum tamen, ne quis plerosque Logistas, quibus Euclides ign tus non sit, dicat magis ad Astronomica idoneos, multis Academiarum Quadruuij professor bus. Sed est ne aliud præterea, quod nos à molestijs doctrinæ triquetrorum globi liberet.

P.　Est quidem, sed per hunc Canonem, & triquetrorum in planicie doctrinam, nos etia liberauerit ab inuento, quod sibi Geber ascribit, & postea à Peurbachio, Regiomontano e VVernero est excultum.

H.　Quomodo hoc fieri queat non uideo? cum Ptolomæi sex quantitates, propter im peritiam Logistices, antiquatæ sint. Et tu Gebri quatuor, quæ illis successerant, nunc reijcias.

P.　Non meministi te apud Copernicum legere, Angulum solidum sectione trium maxi

mor u

lorum circulorum ad globi centrum fert, & qua ratione in prop. XIII. aut in omnibus triquetris globi lateribus, exquirat angulos per perpendiculum & bases, ut Rhetici more loquamur.

H.   *Dum in eam propositionem inquirebam, mihi trium laterum pyramidem construebam, & ad communes maximorum sectiones, demittebam perpendicula, & de eius instituto, unum angulorum inquirebam.*

P.   *Gebri inuentum, per totam Globi superficiem distrahit inquisitionem doctrinæ. Sed Ioachimus totam doctrinam ad decem analogias, circa unum solum, cum angulo recto, globi triquetrum, reuocauit, ut eam paucis & certis metis includeret. Et hoc ipsum refert acceptum Logistices compendijs, quæ eum assuefacere, ut uitatis ambagibus, quam simplicißimè rectæ uiæ insisteret. Verum neque ita sibi satisfecit, cum nobis alijs satisfecerit omnibus. Ideo occasione primæ & XIII. propositionis, Triquetrorum globi Copernici, totam doctrinam triquetrorum globi, in pyramide triquetri globi exquirit.*

H.   *Rectè igitur candidatis Mathematum consultum foret, ut his tabulis doctrinam triangulorum de sua sententia adiungeret.*

P.   *Habet hoc consilij, ut clarum faciat hunc Canonem, esse, totius Matheseos thesaurum, & ostendat, si aliæ tabulæ desiderentur uniuersæ, tamen hunc Canonem per se, nobis præclaram copiam suppeditare, Mathematica studia tractandi. Ideoque duos libros de doctrina triangulorum instituit. In primo breuiter ea præcepta complectitur, quæ maximè usus quotidianus exigit. Secundum tribuit exemplis, desumptis ex præcipuis capitibus Geodesiæ, Optices, Dioptrices, Metheoroscopices, Gnomonices, Geographiæ, Astronomiæ, Musices, Mechanices, & omnium doctrinarum, quæ de Geometria & Arithmetica ceu fontibus promanant.*

H.   *Triangulorum doctrina per numeros hæc quidem omnia ei suppeditabit, sed quantum ex Problematis doctrinæ primi motus Regiomontani uidere licet, pleraque tanta cum difficultate exquiruntur, ut per designationes lineares, ea incomparabiliter facilius perficias.*

P.   *Hic in medio palmam positam esse ait, designationibus ne aliquis linearibus, an de doctrina Triangulorum per Canonem, eadem felicius, rectius & facilius perfecerit. Sed ad rem redeamus. Illorum scientiæ παρέργων, de quibus dixi, tractatio, Secundo ut ostendi, continetur Triangulorum libro. At ipsa doctrina motuum, Solis, Lunæ, & quinque errantium, & inerrantium siderum, in libris inæqualium, motuum designatione hypothesium doctrinæ περὶ τῶν ἀνελίττουσῶν, Metheoroscopiū prostaphæresium, & prostaphæresium tabulæ longe clarius ostendent, quam magno conatu proferantur, magnæ sæpe nugæ in æquatorijs planetarum, & alijs huiusmodi pigmentis & organis, in quæ plurimum principes & primates impendere consueuerunt.*

H.   *Ergo tam in tabulis, quam designationibus, Geometricam tantum uiam sequetur, & illa æquatoria relinquet imperitis ac uulgo. Item scrupula proportionum, & omnia similia, quæ excogitata sunt in subsidium uel imperitorum Geometriæ, uel eorum qui à Geometrico puluere abhorrent.*

P.   *Rectè ratiocinaris Sed quid putas de censurijs tabularum æqualium motuum futurum, quales plurimæ teruntur manibus.*

H.   *Hac in parte cum pulcherrimæ usui inseruiant, non arbitror eum à communi schola-*

rum

rum usu discessurum.

P. In ratione colligendi loca æquabilium conuersionum, admiratur Copernici pruden
tiam, quòd neque Ptolomæum cum suis collectis & expanßis annis, neque Alfonsi scholam secu
tus sit. Sed tamen cum ad Logistices compendia assuefieri uelit iuuentutem, uix paucas illas
Copernici, & prudentißimè constitutas, æquabilium conuersionum tabulas recipit. Dolet
uulgo tantum curæ & diligentiæ in suppputationes metallicas & similes insumi, cum Mathema
tum candidati, non sustinuerint aliquos Logistices labores in motuum inquisitione perferre.
Inspexi eius Ecclipsium libros, & exempla designationum hypothesium, in quibus haud facilè
dinoueris Logistice ne, an de tabulis facilius loca quis collegerit. Adde quod natura suauißi
mum sit, quàm minimè à multis dependere, & quam paucißimis adiumentis de uera arte quæq;
depromere.

H. Si te diutius de suppullulante motuum doctrina audiuero, uideris me planè in tuam
sententiam adducturus esse. Quid enim præclarius esse poßit, quàm si de Logistices compen
dijs, primo loca æquabilium conuersionum prompte exquisiueris, deinde de ijsdem & docti
na Triangulorum ueras prostaphæreses, & deinde loca, & omnia phænomena definiueris.
Hæc mihi quidem satis arrident, itaque opus iam desidero, quod certè & mihi & doctis, ac ue
re studiosis omnibus, gratißimum erit. Sed quid de ijs fiet, qui Astronomi dicuntur, &
suis multiplicibus libellis, de utraque Astronomiæ parte editis, bibliothecas & parietes re
plent, neq; tamen uel Euclidem, uel Logisticen, uel doctrinam Triangulorum, elementa in
quam doctrinæ, quam profitentur, digitulo attigerunt. An his Ephemerides, aliorum studio
& labore compositæ atq; editæ satis esse poterunt?

P. Ephemerides subleuant eruditos à laboribus, cum uel cupiunt periculum facere, an
cælum respondeat doctrinæ motuum, uel cupiunt effectus siderum diiudicare. Ineruditorum
autem auriculas pulcherrimè produnt, cum proposita sine doctrina & ulteriore considerati
one, tanquam uera assumunt, & deinde de futuris euentibus egregie fabulantur. Hæc ri
denda erant, nisi artificum errata, postea in artem redundarent. Verum cum usus potior
respectus, quàm abusus habendus sit, duplicem tabularum rationem instituit. Vnam quæ
prompte, sine longa contemplatione aut inquisitione, sideris locum aut quodcunq; phæno
menon exhibeat, atq; hoc ideo, ut unus labor artifices ad altiora intentos, non remorcetur, non
ut ignauis materiam præbeat uendendi fumos. Alteram quæ simul & motus ac apparentias
doceat inuenire, & insuper iuuentutem ad artis fundamenta deducat. Illam quidem ratio
nem inæquabilium tabulis se confecisse sperat, hanc uero in sua & Proeli designatione hypo
thesium. Ante editionem tamen conabitur inspicere obseruationes quorundam artificum,
qui inter Mahumetem Aratensem & nos floruere. Item de Zodiaci stellis denuo obseruatio
nes capere, nec non & suas cogitationes aliquanto altius ad luminum & siderum motus diri
gere. At hospes quia Mathematum cultor es ac Academia nostra intermissas hoc mercatu
operas iam denuo auspicatur, poteris eum cras ipse audire, auspicantem Triangulorum doctri
nam, & ex ipso intelliges quid consilij hac in parte habeat.

H. Cupio eum audire, & cum eo de communibus studijs quædam conferre. Spero
etiam eum cum multorum hospes fuer.t, dum paßim in orbe Mathemata sectatur, hospitaliter
nos accepturum esse.

P. Nihil

Nihil gratius illi acciderit, quàm si intelligat aliquos esse, qui uerè hæc studia amplexur, & cupiant in ijs solida fundamenta iacere.   Bene uale.

Vicißim uale.   Peto autem à te ut mox cœnæ tempore ad hospitium nostrum uenut aliquid de præcipuis capitibus doctrinæ motuum, inter nos conferamus: Ego pueubi tempus erit, mittam qui te accersat atq; deducat.

Etsi mole negotiorum modo non opprimor, tamen petenti hospiti tam humano & cto, Mathematico præsertim, non potero non morem gerere.   Veniam igitur accersiut uis.

    Interea uale.
    Bene ambula.

F I N I S.

† IHS.

LA LLAVE DE LA HONRA.

COMEDIA

FAMOSA

DE LOPE DE VEGA CARPIO.

Perſonas que hablan en ella.

El Rey de Napoles.
El Duque de Milan.
Roberto.
Liſardo.
Lucindo.
Elena.

Beliſa.
Ines.
Marta.
Celio.
Fabricio.
Florencio.

Salen el Rey de Napoles, y Roberto.

Rey. De que eſtàs triſte.
Rob. No creo
  que negàra a vueſtra Alteza
  la cauſa de mi triſteza
  conociendo ſu deſeo.
  Pero deſuerte me veo,
  que con obligarme anſi,
  no puedo dezirle aqui,
  mas de lo que en mi ſe vè;
  pues yo proplo no la sè,
  para contarmela à mi.
Rey. Ay triſtezas naturales
  que proceden del humor,

las del odio, y el amor
ſon paſſiones principales;
deſtas dos tienes ſeñales,
dime ſi amas, ò aborreces,
que ſi vengança apeteces,
no tardarà la vengança:
y ſi es amor, que eſperança
te niega lo que mereces.
Mi amor ſabes, no es razon
que lo que ſientes me encubras,
antes bien que me deſcubras
la cauſa de tu paſſion:
menos los cuidados ſon
deſpues de comunicados,

A   aun

aun no siendo remediados,
agrauio formo de ti,
que quiero yo para mi
la mitad de tus cuidados.

Rob. Beso mil vezes tus pies
por tal merced, y fauor,
mas bueluo a dezir señor,
que la tristeza que ves,
es lo mismo que no es;
y es mas de lo que parece:
Como Luna mengua, y crece,
ni es aborrecer, ni amar,
que ya es plazer, ya es pesar,
ya me alegra, ya entristeze.
Suelo amanecer contento,
y sin alma al fin del dia,
si me resisto, porfia
la causa de mi tormento:
Dexo andar el pensamiento
tan ocioso, y desigual,
que ya viuo, y ya mortal,
tales laberintos finge;
que no fue en Tebas la Esfinge
mas obscura que mi mal.
Solamente he sospechado,
que es causa de mi tristeza,
el auerme vuestra Alteza
de la tierra leuantado;
porque verme en tal estado
me aura puesto en confusion,
que la humana condicion
suele hazer tantas mudanças,
que todas sus esperanças,
engaños del alma son.
Desde el principio al estado,
corre el humano fauor;
y si declina al rigor,
deziende precipitado:
al estado que he llegado,
parece que determina,
señor, mi fatal ruina;
que es sentencia soberana,
que toda violencia humana

al mismo paso declina.
Sube el christal de vna fuente,
de la tierra en que nacio,
donde el arte leuanto,
con violencia su corriente:
riese el ayre, que siente,
que ha de baxar diuidido;
y el baxa quanto ha subido,
que aquella diminucion,
no perlas, lagrimas son
que llora de auer caido.
Assi yo, señor, temiendo
que con violencia subi,
como tan alto me vi,
pienso que al suelo deziendo.
No temo yo porque ofendo
tu heroyco valor, señor,
pero suele el disfauor
consistir en la desdicha
del que ha subido sin dicha,
que es la desdicha mayor.

Rey. Roberto, mientras yo fuere
Rey de Napoles, no creas,
que en mi desgracia te veas,
por mas que el suelo te altere,
que mientras no interuiniere
traicion, que no puede ser,
para que puedas caer
de mi gracia, à mi rigor,
ni ay en la embidia valor,
ni en las Estrellas poder.
Grandezas de Reyes son,
hazer hombres por querellos,
mas sin causa deshazellos,
mudables efectos son:
En la Real condicion,
no ha de auer desigualdad;
que si en qualquiera amistad
es la mudança baxeza,
desde que nace à firmeza,
se obliga la Magestad. *Vase.*

Sale Lucindo.

Luc. Cuidadoso ha estado el Rey

de

de tu falud.

Rob.No he querido
dezir la caufa.

Luz.No ha fido,
entre amigos jufta ley.

Rob. No es amigo el que es feñor.

Luz.Antes el mayor amigo.

Rob.Conozco que anda con migo,
liberal de fu fauor:
mas fiempre deue el criado,
fi es el criado difcreto,
dexar algo por refpeto,
en fu amiftad referuado.
Mi enfermedad es amor,
no es jufto que a fu grandeza,
defcubra tanta flaqueza,
Luzindo, en fee del fauor.
Que defcubrir lo que es vicio
al feñor,no es difcrecion,
que el vicio dar ocafion,
de aborrecer,es fu oficio.
Y porque de intento mudes,
los que quifieren fubir,
los vicios han de encubrir,
y dilatar las virtudes.
Si efte amor que tengo yo,
no fuera Luzindo injufto,
dezirfele fuera jufto,
quando la ocafion me diò.
Mas queriendo vna muger
cafada,y tan principal,
no ha de parecerle mal.

Luz.En fin,que pienfas hazer,
fi ha llegado fu defden
a quitarte la falud:
dexala,y ferà virtud,
y diràslo al Rey,fi es bien,
que las virtudes entienda.

Rob.Dexarame perfuadir,
fi yo penfara viuir,
defpues que dexarla emprenda.
Antes oy tengo penfado,
vn remedio,que ha de fer,

el vltimo que ha de auer
para darle a mi cuidado.

Luz.Como feñor.

Rob.Aufentar
a Lifardo fu marido,
que fi aufencia no es oluido,
es camino de oluidar:
Fuera de darme ocafion
para mayor libertad.

Luz.Con menos dificultad
feguiràs tu pretenfion;
y podria fer,que aufente,
no le parecieffe ofenfa.

Rob.Por lo menos la defenfa,
no ferà como prefente:
Amor los pechos enfria,
quando fe alargan los plaços,
que de la noche los braços,
dan memoria a todo el dia.
Y mis feruicios rambien,
hallando mayor lugar,
bien la podràn obligar,
para que me trate bien.

Luz.De que fuerte lo has traçado?

Rob.Vea con migo,que fi amor
me ayuda,de fu rigor
prefto me verè vengado. *Vanfe.*

Salen Elena dama,y Marin criado.

Ele.Donde queda tu feñor.

Mar.En parte,feñora,queda
tan fegura,que no pueda
recelarfe del tu amor.

Ele.En ninguna puede eftar,
como en mis ojos no fea,
afsi el alma le defea,
que me pueda affegurar:
Que hazia por vida mia?

Mar.Vna joya te compraua,
que parece que le daua,
rayos al Sol,luz al dia.

Ele.Era para el cuello.

Mar.Si.

A2　　Ele.

*Ele.*Pues todas son embaraços,
que joya como sus braços,
ni de valor para mi.
*Mar.*Està bien dicho,señora,
mas como podrà saber
mejor,qualquiera muger,
que su marido la adora:
No està el amor en amores,
que suele ser natural
en muchos.
*Ele.*Amor igual,
no tiene muestras mayores.
*Mar.*Luego en obras no ay valor,
si amor es obras.
*Ele.*Marin,
yo sigo diuerso fin:
bien sè que es obras amor,
mas como puede vn casado
regalar a su muger,
y en otra parte poner
la verdad de su cuydado.
Pienso yo,que no ay valor,
en joyas como en los pechos,
igualmente satisfechos,
de vn puro,y honesto amor.
*Mar.*No sè,contaronme vn dia,
que vna muger principal,
dio en querer,aunque hizo mal,
vn criado que tenia:
y pediale,el çapato,
la media,el chapin,la liga,
y diziendole vna amiga,
que aquello era humilde trato,
no lo auiendo menester,
y siendo pobre el galan:
respondiò con ademan,
como me puede querer,
este sin costarle nada
de lo que me puede dar,
que en lo que suele costar
es vna cosa estimada.
Yo en fin,el dia que lleuo
ami que se yo,vna toca,

es vna c...
Yo en fin i.
ami quan

pienso que la bueluo loca,
y que la obligo de nueuo.
Esta es la muestra mayor,
porque no ay amor sin dar,
y assi te quiero contar
ocho preceptos de amor:
Tratar verdad sin recelos,
dar,regalar,assistir,
no alabarse,ni fingir,
ni pedirlos,ni dar zelos.
Sale Lisardo.
*Lis.*Desvelado,Elena mia,
en seruirte,y agradarte,
quise vna joya comprarte,
que cierto hidalgo vendia.
Vila,como muchas veo;
pero luego que la vi,
la aplicaron para ti
los ojos de mi deseo.
No auia diamante en ella,
que con su luz no dixesse,
que con ella te siruiesse,
y assi te siruo con ella.
Diamantes son,no es rigor,
que muestran sus asperezas,
que es seruirte con firmezas
asegurarte el amor.
Parece que estàs sin gusto?
Mirala por vida mia.
*Ele.*Gusto Lisardo tenia;
pero hasme dado disgusto?
Yo tengo joyas,mi bien,
de que ha seruido gastar
lo que te puede costar,
y que has menester tambien:
Que para adorarte yo,
no he menester mas prisiones,
que aquellas obligaciones
con que mi verdad naciò.
Ya tengo dicho a Marin,
que son mis joyas tus braços.
*Lis.*Nueuas prèdas,nueuos laços,
nueuos amores en fin:

y nue-

y nueuas obligaciones:
pero eſtà cierta ſeñora,
q̃ no ha engendrado el Aurora
en ſus doradas regiones
tantas perlas de ſu llanto,
abriendo nacares finos;
ni el Sol con rayos diuinos,
el metal que eſtiman tanto,
tantos rubies Zeylan,
tantos diamantes la China,
como a tu beldad diuina,
ſiempre mis deſeos dàn,
es mi hazienda mode rada:
vn pobre hidalgo naci
mas para ſeruirte a ti
aun lo impoſsible me agrada:
mas que mis fuerças podràn
harà mi amor atreuido,
porque ſiempre el buen marido
ha de parecer galan.

Salen Luzindo, y Beliſa.

Luz. Dezilde, que eſtoy aqui.
Bel. De ſu parte de Roberto.
te buſca vn hombre.
Liſ. Eſtoy cierto
de que no me buſca a mi.
Bel. A ti dize.
Liſ. A vn pobre hidalgo
Beliſa el mayor ſeñor.
Bel. Tu mereces ſu fauor.
Liſ. Yo puedo ſeruirle en algo,
di que entre.
Luz. Aqui eſtoy.
Liſ. Pues bien.
que me quiere a mi Roberto.
Luz. Hõraros, de que eſtoy cierto,
que es juſto que premio os dèn,
de los ſeruicios que han hecho
al Reyno vueſtros paſſados.
L ſ. Cõ el tiempo eſtàn bórrados,
y aun de mi miſmo ſoſpecho,
en fin, que quiere mandarme.

Luz. El os llama no lo sè.
Liſ. A ver lo que manda irè,
no por codicia de honrarme,
mas ſolo para ſeruille. *Vanſe.*
Ele. Ay Beliſa que temor!
Bel. Alguna inuencion de amor
quiere intentar perſuadille,
quien le pudiera aviſar.
El. Mil vezes lo he pretendido,
pero nunca me he atreuido
a darle tanto peſar.
O cruel Roberto! ay Dios,
que ſerà Beliſa mia,
ſino alguna aleuoſia
lo que han de tratar los dos.
Bel. No temas, que tu Liſardo
ſaldrà de qualquier traicion.
Elen. Ya me dize el coraçon
que alguna deſdicha aguardo.
Salen Liſardo, Lucindo, y Roberto.
Luz. Aqui os eſpera Roberto.
Liſ. De ſeñor vueſtra Excelencia
la mano à Liſardo.
Rob. Ay Cielos!
eſte es el dueño de Elena:
ſeays bien venido Liſardo,
Ola, vna ſilla.
Liſ. Tuuiera
a dicha, que en mi humildad
hallara vueſtra grandeza,
como deſeo, valor
para ſeruiros, mas quedan
tan lexos de mi deſeo *ſiétanſe*
heroyco ſeñor las fuerças
de mi humildad, como eſtan
las flores de las eſtrellas:
yo he venido a obedeceros,
que preſtaros obediencia
es ley de mi obligacion.
Rob. Liſardo, las prendas vueſtras,
vueſtros meritos, y partes,
los ſeruicios que en la guerra,
y en la paz, vueſtros paſſados,

con las armas, y las letras
hizieron a esta Corona,
han dado tan buenas nueuas
al Rey, quien esto no quiero,
que aunque pudieran, me deuan
buen oficio, que apremiaros
esta dispuesto su Alteza.
Lis. Besoos los pies, que bien sè,
que nunca yo mereciera
su memoria, à no ser vos
por quien su Alteza se acuerda
de vn Cauallero tan pobre,
que los frutos de vna Aldea
su muger, y su familia,
estrechamente sustentan.
Que el premio de los seruicios
sea de los Reyes deuda,
la misma razon lo dize;
pero como tantos sean
los que los siruen, no pueden
bastar oficios, ni rentas,
y entra alli la buena dicha,
ò la intercession que llega
à dar memoria a su oluido:
Assi las sagradas letras,
que el Rey Asuero tenia
vn libro (señor) nos cuentan,
donde por todos los años,
de qualquier suerte que fueran
los seruicios, se escriuian,
que con esta diligencia,
todos despues se premiauan,
que muchos sin premio quedan
por no auer quien à los Reyes
se los acuerden, y lean:
que diferente sois vos,
de los que solo se acuerdan
de firmissimos, pues me hazeis
tanta merced, como espera
mi pobre casa, oluidada,
de antiguos blasones llena
que la fortuna, señor,
como la naturaleza

de las cosas que corrompe,
otras que leuanta engendra.
Rob. Mucho me huelgo de oiros,
porque a lo que el Rey intenta,
darà vuestro entendimiento
satisfacion verdadera.
Es el caso, estad atento,
que el Senado de Venecia,
hasta atreuerse a las armas,
sobre vnas villas pleytea,
por escusar los enojos
que resultan de la guerra,
al gran Duque de Milan
se remite la sentencia,
para este despacho al Rey
os propuse, porque sea
principio para premiaros,
y ha de ser desta manera:
Yo os darè cierta instruccion,
por donde claro se vea,
lo que le aueis de informar,
desuerte, que el Duque entièda
que este es pleyto sin Letrados,
que teme el Rey que se pierda,
por lo sutil Veneciano,
ò se ponga en contigencia:
esto es en suma, tomad
postas. *Leuantanse.*
Lis. Al punto que tenga
las cartas.
Rob. Tres mil ducados
me manda daros, quisiera
que fueran trecientos mil,
no porque el premio comiença
en cosa tan vil, Lisardo,
que solo el camino os premia.
Lucindo.
Luc. Señor.
Rob. Despacha
à Lisardo.
Luc. Venid.
Lis. Queda
mi vida en obligacion

de

de suplica siempre vuesa. *Vase*

Rob. O amor tu me pusiste
en esta empresa graue,
desden dulze, y suaue,
me tiene alegre, y triste,
mejora mi tristeza,
si lo merece amor tãta firmeza.
El Muro, y Torre amada
de Troya, quitò à Elena,
porque tenga mi pena,
en su rigor entrada,
porque tales ausencias
suelen facilitar las diligencias:
Y quando no aya sido
remedio suficiente,
por lo menos ausente
Lisardo su marido,
con esto, vano enredo, (quedo.
con menos zelos de las noches
Que no es poca alegria
apartar de sus braços
aquellos dulzes laços,
aunque sin dicha mia,
pues consolado quedo,
q̃ nadie goze lo q̃ yo no puedo.
Vase.

Salen Elena, y Marin.

Elen. Lisardo à Milan.
Mar. No ves
estas espuelas, que son,
el romance, y narracion,
si los versos llaman pies.
Elen. Ay semejante desdicha.
Mar. Que desdicha.
Elen. La que passa
por mi.
Mar. Como si esta casa
no ha tenido mayor dicha,
llamale el Rey, y le escoge
entre tantos; y es razon,
que su ausencia en ocasion
de su remedio te enoge.
Honrale el señor Roberto

alma del Rey, y le ha dado
silla, y estuuo a su lado,
de tantas fortunas puesto,
y puerta para medrar,
y subir, donde merece,
y tus ojos enternece
lo que los deue alegrar?
Pensè que albricias me dieras
deste sucesso señora,
y lloras, como si agora
de ayer desposada fueras.
Animale a la jornada,
muestra valor, que el amor
no ha de quitar el valor
a que naciste obligada.
Elen. Ay Marin q̃ yo me entiendo.
Mar. Que zelos.
Elen. No sè.
Mar. Pues quando
hombre se ha visto adorado,
y al mismo tiempo ofendiendo,
essos son bestias, no son
hombres.
Elen. Sucede en presencia;
pero quien tendra de ausencia
deuida satisfacion.
Mar. Tu sola Fenix del mundo
en belleza; y el señora,
en amarte; pues agora
no le conozco segundo;
y si es predicarme à mi,
aduierte, que aûque el quisiera,
mas contrario en mi tuuiera,
que en Milan tuuiera en ti
si alli te hallaras.

Salen Lisardo, Belisa, y Ines criada.

Lif. Pon la ropa blanca a punto.
In. Ya señor toda la junto.
Bel. Antes Lisardo en los pies
las espuelas, que los braços
en el cuello de mi hermana.
Lif. Marin el camino allana

à los poſtreros abraços,
que delante le embie,
para que pudieſſe Elena,
hablarme con menos pena.

Ele. Nunca Liſardo penſe
de ti tan grande crueldad.

Liſ. Ni yo que no agradecieras,
que con Roberto me vieras,
Elena en tanta amiſtad.

Ele. Plugiera à Dios que Roberto
jamas lo huuiera penſado.

Liſ. Mi remedio te ha canſado,
ſi eſtà en èl ſeguro, y cierto.

Ele. Seguro, y cierto?

Liſ. Pues no,
à quien puedo yo deuer,
mas bien que el me quiere hazer,
tres mil ducados me diò,
mi bien, para eſta jornada,
pues quando buelua, yo eſpero
de tan noble cauallero
ſatisfacion mas honrada.
Al Rey le ha dicho quien ſoy,
y de todos mis paſſados,
los ſeruicios oluidados,
en obligacion le eſtoy.
Serè ſu cautiuo Elena,
mientras Dios me diere vida,
mucho importa mi partida,
y yà el de las poſtas ſuena.
Aunque el alma me traſpaſſa,
quedatè mi bien con Dios,
y tu Beliſa, y las dos,
polos deſta humilde caſa,
por ella, y por los criados,
mirad, porque el dueño auſente
es lo miſmo que preſente
donde eſtàn vueſtros cuydados.
No llores que me daràs
malaguero en mi partida.

Ele. En fin me dexas ſin vida,
y con el alma te vas.

Liſ. Si las auemos trocado,

no quedas ſin alma Elena,
mas ya conozco tu pena
por la pena que me has dado,
dame tus braços, y a Dios.

Ele. A penas acierto hablarte.

Liſ. El que queda, ò el que parte,
qual ſiente mas de los dos.
Ea Beliſa, los braços.

Bel. Mi obligacion te dira
mi ſentimiento.

Liſ. Ya eſtà
la buelta eſperãdo abraços. *Vaſe,*

Mar. Señora Ines, yà llegò
eſto que llaman partir,
quien llamò al partir morir,
ſu propio nombre le diò,
ay, ay, ay.

Ines Maldito ſeas,
que bien ſè que finges.

Mar. Voy
ſin alma.

Ines Bien cierta eſtoy,
de que engañarme deſeas.

Mar. Toma eſta llaue, y aduierte,
que dexo, ſin lo que callo,
las raciones del cauallo
en aquella arca mas fuerte,
alli quedan galas mias,
y camiſas que entre tãto
puedes lauar.

Ines Con mi llanto,
todas las noches y dias,
a Dios mi dulce reſpeto.

Mar. A Dios, que querra tu ama,
con ſoledad de lo que ama
componer algun ſoneto. *Vaſe.*

Bel. No me atreuo a conſolarte,
ni aun à dezir lo que ſiento
deſta auſencia.

Ele. El penſamiento,
la traicion, la induſtria, el arte,
es tan claro, y deſcubierto,
que quiere, ò falſa amiſtad,

proſ

prouar mi fidelidad,
Lisardo ausente, Roberto,
es lenguage de los hombres,
que las mugeres ausentes,
por los plazeres presentes
no se acuerdan de sus nombres;
y es muy falso este lenguage;
pues quãdo exêplos no huuiera
no ay fuerça, que de la esfera
de mi honestidad me baxe:
alli luciente Planeta,
pienso conseruar mi honor;
pues quanto el fuerte traidor,
serè yo honrada, y discreta.
Cierra puertas, y ventanas,
que el poco recogimiento,
es el mayor argumento
de las mugeres liuianas.
Ya Roberto estarà cierto
de que me visita a mi,
y el Sol no ha de entrar aqui,
aunque piensa entrar Roberto.

Bel. No te aconsejo que seas
tan aspera, con vn hombre
poderoso; si tu nombre
y fama guardar deseas,
que fuera de que la ira
puede en aquesta ocasion
hazerte fuerça, es razon
temer alguna mentira:
Procede si amor le enciende,
con blandura à su porfia;
que obliga la cortesia,
quanto la aspereza ofende.

Ele. Yo guardarè mis sentidos,
Belisa de ver, y hablar;
porque no se ha de fiar
el honor de los oidos.

Salen Roberto, Lucindo, Fabricio,
y Celio.

Rob. Ya vengo, como quien tiene
seguro el campo a su calle.

Lu. Pues no vengas muchas vezes.
Rob. Porque, si el amor me trae,
Luz. Porque eres, sino lo aduiertes
para publico muy grande;
y son en los que gouiernan,
mayores las liuiandades.
Rob. Que importa q̃ yo gouierne,
y todo este Reyno mande;
si amor me gouierna a mi.
Luz. Porque no ha de ser bastante
vn poderoso, discreto,
para saber gouernarse.
Rob. Las mugeres del Senado
de Roma, con ser tan graue,
de ser señoras del mundo
se atreuieron a alabarse;
hazian este argumento,
Roma, de sus quatro partes
es señora, a Roma rigen
sus Senadores, y Padres;
nosotras a ellos, luego
es la consequencia facil,
que gouernamos el mundo:
lo mismo amor dize, y haze;
gouierna este Reyno Alfonso,
Lucindo (que el Cielo guarde)
yo a Alfonso, y a mi el amor:
luego no podran culparme.
Lu. Ha señor, que importa mucho
en eminentes lugares,
estar limpios los espejos
en que el pueblo ha de mirarse.
Rob. Ya es tarde para consejos;
dezidme como no sale
el Sol de Elena a estas rexas.
Fab. Fuesse Lisardo esta tarde,
y el sentimiento por dicha,
la ha obligado a retirarse.
Rob. Sentimiento, viue Dios,
que estoy por desesperarme,
que sin verla, es imposible
que de su puerta me aparte.
Ven acà Celio, que harèmos

para que se lga.

Cel. Esta tarde
señor, parece impossible;
pero puedes retirarte,
y Fabricio, y yo sacar
las espadas, que la calle
se ha de alborotar con vozes;
y ella aunque triste assomarse,
porque en todas las mugeres
ay dos deseos notables,
el vno de ver, y el otro,
para saber nouedades.

Rob. Ha Celio tu eres discreto,
Lucindo no me acompañe
si me ha de quitar mi gusto.

Luz. Que mal las verdades saben.

Rob Fabricio.

Fab. Señor.

Rob. Que esperas.

Fab. Quieres que la espada saque.

Rob. Acaba necio.

Fab. O traidor,
viue el cielo q̃ te mate. Riñen.

Cel. A mi matarme.

Rob. Lucindo
mete paz.

Luz. Tenganse. Entran riñendo.

Rob. Nadie
sale a las rexas, que es esto,
es possible que no abre
vna criada, si quiera
vna ventana, en que parte
de Libia naciste Elena?
pareces Sol, y eres aspid.
No ha quedado en quãtas casas
miro, quien pueda escusarse
de salir al alboroto
que tantas espadas hazen,
y tu sola no has querido:
pero no quiero culparte,
que tienes tu sol ausente,
à mi si, por ausentarle;
pues no amaneces Aurora

hasta que se acerque adarte
la luz, que lo es de tus ojos;
venga pues, venga à matarme.

Salen los criados.

Luz. Es tanta la confusion,
que no nos han conocido.

Fab. Como, señor, ha luzido
la inuencion.

Rob. No ay inuencion
poderosa con Elena.

Cel. No salió.

Rob. Como salir,
con el se deuio de ir;
ni el viento en las rexas suena.

Fa. Pues por Dios q̃ no ha quedado
dama en la calle sin ver
la question.

Rob. O no es muger,
ò los ojos le ha lleuado
la violencia.

Luz. No es razon,
aduierte con discrecion,
que es justo considerar,
que està su marido ausente.

Rob. O nunca yo le ausentara,
si me ha de esconder la cara
hasta tenerle presente.

Luz. No ha de boluer presto.

Rob. No,
porque al Duque le escriui,
que le detuuiesse alli:
de suerte, que tengo yo
de viuir sin ver a Elena;
o si le mando venir,
braços, y zelos sufrir;
que viene à ser mayor pena.

Luz. Vana serà tu porfia.

Rob. Vamos, que por esso fue
la noche obscura; yo harè
lo que no me dexa el dia.

Salen Lisardo, y Marin de camino.

Lis. Dizen que agora saldrà.

Ma.

Mar.Confuso vengo,y deseo
saber,si esto es embaxada,
y te toca el darte assiento.
Lif.Si te digo la verdad.
por Dios Marin,que no entiedo
la instrucion,que solamente
vengo à conocer que es pleyto:
pero lo que fuere sea,
sirua yo al Rey,y à Roberto,
y nunca entienda la causa.
Mar.Ay vnos criados necios,
que sin saber el recado
que apenas ha dicho el dueño,
parten a la execucion,
a quien mucho parecemos,
no sabiendo a que venimos:
y viniendo tan ligeros,
dixo vn Rey a vn Secretario,
que escriuiesse à cierto Reyno
le hiziessen cien alabardas,
(los Reyes nunca hablan rezio)
y por no le preguntar,
escriuio al Reyno,que luego
le embiassen cien albardas,
despacharonselas presto;
y estando el Rey à vn balcon,
con el secretario mesmo,
vio venir las cien albardas:
y diziendole,que es esto,
le respondio,que traian
lo q el mando;à quien discretò
replico el Rey,repartamos
desta manera las ciento:
las cincuenta para mi
que firmo lo que no leo,
y las otras para vos,
pues mas ligero que cuerdo
hazeis lo que no entendeis.
Lif. Y yo entiendo por lo menos,
que quieres que repartamos
entre los dos el sucesso.
Ya estoy en Milan, ya aguardo
al Duque,solo deseo

que sea breue el despacho,
que me matan los que tengo
de mi casa,y de mi Elena:
aquien tanto quiero,y deuo.
que muger Marin !
Mar.La hazienda
viene de padres ò deudos:
pero la buena muger,
viene de mano del Cielo.
Lif.Larga la mostrò conmigo
en la que me dio,pues creo,
q auq ay muchas buenas , puede
ser entre todas exemplo.
Sale el Duque de Milan, y Florencio
Secretario.
Duq.De Roberto,aquel priuado
del Rey de Napoles.
Flo.Y pienso,
que es el que ya llega à hablarte.
Mar.El Duque señor.
Lif.Yo llego,
deme los pies vuestra Alteza.
Duq.Con los braços Cauallero
reciboyo a las personas
de vuestros merecimientos.
Lif.De Roberto es esta carta
ella os dirà a lo que vengo.(mo
Duq.No es del Rey,pero es lo mis
pues dezis que es de Roberto.

Lee aparte.
Aunque yo no he seruido a V.
Alteza mas que con los deseos,me
atreuo à suplicarle en confiança de
su valor,y entendimiento,entreté
ga el portador desta el tiempo que
fuere seruido.
No leo mas,ni es razon,
ay tan loco atreuimiento,
ami,que entretéga vn hombre,
aun no auiendo de pormedio
parentesco,ni amistad,
trato,ni conocimiento.
Flo.

Florencio.
Flo. Señor.
Duq. Escucha.
Flo. Que te escriuen.
Duq. Estenecio
quiere q̃ entretenga este hõbre,
la causa veràla vn ciego.
Flo. Quien duda que es por muger.
Duq. Y muger propia es lo cierto;
pues no se le ha de lograr
el pensamiento Florencio,
que este inocente, no, es justo
que padezca detrimento
en su honor, por causa mia.
Vuestro nombre Cauallero?
Lis. Lisardo, señor.
Duq. Sabeis
a que venis?
Lis. Aquel pleyto
de Venecia con Alfonso
mi Rey, para que deis luego,
como arbitrio de los dos,
à quien tuuiere derecho
mas justo, lo que le toca;
pues à vos se remitieron.
Duq. Yo lo tengo ya mirado,
no ay q̃ informarme de nueuo;
ni en Milan señor Lisardo,
sin ocasion de teneros:
yo escriuirè luego al punto.
Lis. Mil vezes los pies os beso
por la breuedad, señor,
que auñq à seruir al Rey vengo,
pienso que mejor le siruo,
miẽtras que mas presto bueluo.

Duq. Amor deue de obligaros.
Lis. Amor a mi casa tengo.
Duq. Sois casado?
Lis. Si señor.
Duq. Ha mucho.
Lis. Aunque ha mucho tiempo,
estoy mas enamorado,
y con mayores deseos,
que quando galan serui
a quien apenas merezco.
Duq. Vn marido enamorado,
los altos merecimientos
de su muger da a entender.
Lis. Son desuerte, que no puedo
encarecer sus virtudes.
Duq. Embidia Lisardo os tengo;
lleuadle aqueste diamante,
y dezilde, que le ruego
que os ame como es razon.
Lis. Pondrè la boca en el suelo
adonde poneis los pies.
Duq. Bien podreis luego bolueros.
Lis. Que te parece Marin.
Ma. No ay diamãte de mas precio
que el auerte despachado.
Lis. Que gran señor.
Mar. Es discreto.
En que topa el ser tan sabios?
Lis. En los Ayos, y Maestros,
si bien dizen, que lo causan
los sutiles alimentos.
Mar. Luego pollas, y perdizes
hazen los claros ingenios.
Ay de los pobres, à estar
à la cozina sugetos.

IORNADA SEGVNDA.

Salen Roberto, el Rey, y Luzindo.
Rey. Parece que cada dia
tiene aumento tu tristeza.
Rob. Boluiose naturaleza,

ñor, la tristeza mia.

Rey. Culpa al principio tuuiste.

Rob. No la pude resistir,
y oy dexarè de viuir,
si dexasse de estar triste.

Rey. No sabe la Medicina
remedio para tu mal?

Rob. Para enfermedad mortal,
ha de ser mano diuiña.

Rey. Mira en tu imaginacion,
con que podràs alegrarte?

Rob. Pues que tu fauor no es parte,
vanos los remedios son:
Si fuera ambicion mi mal,
de cosa que no supiera
dezirte, ò que no quisiera,
por indigno, y desigual,
viendo el agrauio que hazia
a la merced que me has hecho,
claro te mostràra el pecho.

Rey. Mi amor no le merecia.

Rob. Si dos titulos me has dado,
y a mis dendos, gran señor,
has hecho tanto fauor:
Que puedo auer deseado?
En que ocasion no prefieres
lo que no merezco yo?

Rey. El Almirante murio
sin hijos, desde oy lo eres.

Rob. Mil vezes beso tus pies.

Rey. Deseo tu bien, Roberto.

Rob. Y como, señor, si es cierto.

Re. Pesame q triste estès. Vase el Rey

Luz. Podrè darte el parabien,
porque en estado te veo,
que fuera de tu deseo,
no ay bien que parezca bien:
y tantas mercedes tienes
de su Alteza cada dia,
que ya necedad seria
cansarte con parabienes.

Rob. No ay biē, Lucindo, no ay biē.
en tanto rigor de Elena,

que no me cause mas pena.

Luz. Pues no te doy parabien.

Rob. Qual aspid pudo formar
naturaleza tan fiera,
que rendido no se huuiera
à tanta fuerça de amar.
Qual Tigre no se ablandàra
a las diligencias mias;
pienso que las nieues frias
de los Alpes abrasàra.
Tal desden, tal resistencia,
tal fee, tal recogimiento,
tal verdad, tal pensamiento,
vna muger en ausencia.
Que montes de oro no hà sido
terceros de su fauor?

Luz. Deue de ser grande amor
el que tiene a su marido.

Rob. A su honor deue de ser,
que amor por grande que fuera
yo sè que lugar me diera,
a no ser propia muger.
Que noche de aquesta ausencia
a su puerta no me hallò?
La Aurora que se admirò
de ver mi loca paciencia,
que deseos, que suspiros,
ansias, y amorosas quexas,
no han entrado por sus rejas,
à ser inutiles tiros:
mas ninguno ha sido parte
ingrata Elena a rendirte.

Sale Celio.

Cel. Fuerça, señor, es dezirte,
nueua, que no ha de agradarte.

Rob. Aura venido Lisardo?

Cel. A la puerta queda.

Rob. Ha Cielos!
que buen remedio a mis zelos,
que noche tan triste aguardo:
mas no puede ser tan presto.

Cel. Si puede pues entra ya.

Sa

Salen Lisardo, y Marin.

Lis. A tus pies tu esclauo está.
Rob. En obligacion me has puesto,
Como tan presto Lisardo?
Lis. El despacharme, señor,
tuue a notable fauor,
de aquel Principe gallardo.
Llegue tambien a ocasion,
que estaua ya sentenciado
el pleyto, que a mi cuidado
no teneis obligacion.
La carta es esta:
Rob. Mostrad:
Que poco al Duque he deuido,
que entretener vn marido,
no era perder calidad.

Lee aparte.

No sè de q̃ acciones, ni en paz,
ni en guerra, sacò V. S. que yo era
à proposito para entretener este
Cauallero, cuya persona, y entendimiento son indignos de tanto a-
grauio, el que yo recibo.
No quiero passar de aqui,
basta que vn hierro de amor
ha hecho agrauio a su honor,
necio en elegirle fui:
adonde tantos huuiera,
que con otra discrecion,
ayudaran mi aficion.
O naturaleza fiera!
de quien no tiene a quien ama
compassion; quierole hablar,
y mi desdicha esforçar,
si assi mi muerte se llama.
Estoy muy agradecido
Lisardo, al Duque, en efeto
resolucion de discreto,
juez animoso ha sido.
No aurà quexas esta vez,
que juez que no despacha,
no ha menester otra tacha,

para no ser buen juez.
Sin resolucion no ay ciencia,
porque vn breue desengaño,
quita la mitad de daño,
de la contraria sentencia.
Yo por las nueuas, os doy
de albricias seis mil ducados.
Lis. Señor.
Rob. Tambien empleados,
que pienso que corto soy,
y esto es mientras su Alteza
os haze merced.
Lis. De quien
pudiera esperar mas bien,
que de essa heroyca nobleza,
que con tanto excesso passa
mis meritos.
Rob. Iusto es:
descansad.
Lis. Beso tus pies.
Rob. Aueis visto vuestra casa?
Lis. Yo a mi casa, no señor;
porque primero que os viera,
agrauio notable hiziera,
a hazerme vos tanto honor.
Rob. Id con Dios.
Lis. Mientras viuiere
serè esclauo de essos pies.
Rob. Yo os auisarè despues,
quãdo lugar se ofreciere,
para que hableis a su Alteza.
Lis. Tanta merced.
Rob. Esperad.
Que hombre es el Duque?
Lis. En verdad,
que entendimiento, y grandeza
compiten con su valor.
Rob. Hizoos muchas honras?
Lis. Creo,
que obligò vuestro deseo
en hazerme tanto honor.
Informose de mi estado,
y a todo respondi yo;

este

este diamante me dio,
sabiendo que era casado,
para que dieße a mi esposa
en su nombre.
Rob. Gran señor!
deueisle amistad, y amor.
Lis. Es mi obligacion forçosa.
Rob. Id en buen hora.
Lis. Los Cielos
os guarden. *Vase.*
Rob. Bueno he quedado,
ò que bien que ha despachado
Luzindo, el Duque, mis zelos.
Luz. Que te escriue?
Rob. Que no es hombre
con quien vsar te podia
tal termino.
Luz. Hipocresia:
quien ay q̃ de amor se asombre.
Rob. No le ofenderà el amor,
juzgarà a poco respeto
el remedio.
Luz. No es discreto,
que no se auentura honor
en ayudar vn amante.
Rob. Descortès termino ha sido,
pensé ganar, y he perdido.
Luz. Para que le diò el diamante?
Rob. No sin sospecha seria;
pero di, que puedo hazer,
si aquesta noche ha de ser
de mi vida el postrer dia:
quien quiere muger casada,
no sabe lo que sucede
en sus noches, con que puede
passàr su pena engañada:
pero ya es cierta mi pena,
no tengo que adiuinar,
esta noche me han de hallar
muerto, en las puertas de Elena.
Vanse.

Salen Elena, y Belisa.
Ele. No escriuir, que puede ser.

Bel. Yo presumo que es venir.
Ele. Ayudame a resistir,
que soy Belisa, muger;
no porque teme el valor,
que a mas peligros se esfuerça:
mas porque temo la fuerça,
y la opinion de mi honor,
que al passo que và Roberto,
temo que abrase esta casa.
Bel. No te espantes, si el se abrasa.
Sale Ines.
In. Albricias.
Ele. Mi bien es, cierto.
In. Señora.
Ele. No digas mas,
ya sè que Lisardo viene.
In. Lo que tu amor te preuiene,
esto imaginando estas;
yo he visto solo a Marin.
Bel. Cartas deue de traer.
Ele. Quimera fue mi plazer:
Que presto que tuuo fin.

Sale Marin.
Mar. Podrè merecer la suela
de vn chapin, dulze señora.
Ele. Mientras viene el Sol, la Aurora
aues, y flores consuela.
Ma. Aurora entre luz, y dia,
he sido de mi señor;
pero traigo el resplandor,
que ya tan cerca te embia.
Ele. Como esta?
Ma. Como ha de estar.
Ele. Las cartas?
Ma. Que cartas.
Ele. Di,
no me escriue; pues a ti
porque te puede embiar.
Ma. No me embia, que yo he sido
tan bachiller de venir;
que me quiso resistir,
y le he dexado, y corrido:

el

el te dirà lo demas.

Sale Lisardo.

Lis. Señora mia,

Ele. Mi bien,

Lſ. Buena eſtàs.

Ele. Y lo he de eſtar,
que porque no tengas pena,
quiero eſtar ſiempre tan buena,
que nunca tengas peſar.
Como has tardado?

Liſ. Llegar,
y boluer, tardar ha ſido.

Ele. Mil años me han parecido.

Liſ. Mas tiempo te pareciera,
ſi el Duque ya no tuuiera
eſte pleyto remitido,
el qual fue tan gentil hombre,
y tan galan, que me dio
eſte diamante, que yo
te preſentaſſe en ſu nombre.

Ele. Dios le guarde.

Liſ. No te aſombre,
que en los ojos ſe me via,
la hermoſura que tenia,
la que retratada en ellos
pudo auſente merecellos,
pues ſu firmeza excedia:
dixome que te dixeſſe,
que fueſſe tu amor anſi.

Elen. Antes fue para que en mi,
ningun diamante lo fueſſe.

Liſ. Mi Beliſa, no te peſe,
de que tomaſſe licencia,
de hazerte mayor mi auſencia.
Eſtos ſon mis braços.

Bel. Y eſtos,
de mis amores honeſtos,
la juſta correſpondencia.

Mar. Ines.

In. Marin.

Mar. Como eſtà
toda eſta caſa.

In. Muy buena.

Mar. Elena.

In. Mejor que Elena.

Ma. Beliſa.

In. Buena eſtà ya.

Mar. Como al cauallo le và
auſente de ſu lacayo.

In. Boca abaxo viue el bayo.

Mar. Y el papagayo.

In. No hablo
mas palabra.

Mar. Pienſo yo
que tu has ſido el papagayo,
quien duda que en la ventana,
quien paſſa, quien paſſa auria,
y que algun page diria,
como eſtas lorita hermana.
La Mona?

In. Tiene quartana:
Ay mas por quien preguntar?

Mar. Por ti.

In. Gracioſo llegar.

Mar. A la poſtre te he dexado,
porque pueda ſin cuidado
en tus amores hablar.

Liſ. Y a Elena mia, es razon,
darte de otras coſas quenta,
que a nueſtro eſtado conuienen,
y que es juſto que las ſepas.
La fortuna, lo primero,
es tan mudable, y ligera,
que vnos leuanta, otros baxa,
eſto es lo que llaman rueda.
Son los diſcurſos del mundo
vna noria de vna huerta,
ſuben, y baxan los baſos,
vnos vierte, otros enllena.
Ayer eſtaua yo pobre,
ſi bien contenta pobreza,
no es pobreza, pero en fin
era pobreza contenta.
Oy la fortuna leuanta
mi humildad, de tal manera,

que

que lo que Roberto priua
con el Rey, hermosa Elena
esso con Roberto yo:
No ay palabras con que pueda
referirte el alegria
que recibio de mi buelta
los abraços, las preguntas,
muestran bien que las Estrellas
son quien amor, y amistad
de dos personas conciertan;
seis mil ducados me ha dado;
y quando viere a su Alteza
me promete vn grande oficio:
con esto es bien que yo tenga
desde oy diferente casa,
que la poca, ò mucha hazienda,
la familia, y el adorno,
disminuye o acrecienta.
Quiero comprar lo primero,
pues en ti tambien se emplea
vn coche, que las mugeres,
van mas honradas y honestas
dentro de vn coche, que apie;
que tu no seràs de aquellas
que dàn mano en la cortina,
que para esse efecto afeytan.
Claro està que no has de hablar
con los que tambien requiebran
desde sus coches las damas,
que es vna cosa muy fea.
Finalmente quiero yo,
que el señor Roberto entienda,
que soy hombre que professo
agradecida nobleza.
No te alegras deste coche?
Ele. Ninguna cosa me alegra,
fuera de ti, ni por mi
quiero que gastes tu hazienda:
Iesus, coche, por tu vida
que aun el nombre me marea:
que diràn los que supieren
que ya tenemos sobervia;
no ay cosa que mas despierte

à la embidia y a las lenguas,
que ver que sube de vn salto
la humildad a la grandeza,
despues tendrèmos lugar
si nos diere alguna renta.
Mar. Coche no quieres señora,
eres la muger primera
desde la primer muger,
y aun pienso que anduuo Eua,
pues Adan fue labrador,
dentro de alguna carreta.
El primer coche del mundo
fue el trillo, para que sepas,
que de andar encima del
le añadieron las dos ruedas.
Que dama en Napoles ay
por poco valor que tenga,
que no ande en coche, q es causa
de auer tantas diferencias.
Ay caxas enjugadores,
que solamente les quedan
los arcos por notomias.
Y yo tengo aqui vna deuda
que vn Inuierno se siruio
de vn coche en la chiminea,
que rendido se dio fuego
como solda desca Inglesa.
Ay coches de tal hechura,
que cierta moça gallega,
vn dia por los estriuos
vaziò vna espuerta de tierra.
Ay coches que tiran dragos,
y ay coches con tales bestias,
que parece que el cochero
và pidiendo para ellas:
Finalmente,
Lis. No prosigas,
sino le quieres no sea,
voyme Elena a descansar,
y estese la casa queda,
que pues tu no sientes bien
de que mostremos grandeza,
ò a ti te falta locura,

ò a mi sobra inocencia.

Vase con Marin.

Bel. Que has hecho?

Ele. Yo, pues no ves
que solo le dixe que era
gastar la hazienda.

Bel. Dixiste,
que era despertar las lenguas,
(ay Elena) a los maridos,
nunca se ha de hablar por señas,
que ay hombres tan cuidadosos,
que el pensamiento penetran,
pienso que pena le has dado.

Ele. No ayas tu miedo que sea
de mi virtud, y valor.

Bel. Basta auerle dado pena.

Sal. Luzindo.

Luz. Sino descansa Lisardo.

Bel. Lucindo se ha entrado Elena.

Luz. Aunq la ocasion no es buena.

Ele. Toda tiemblo, y me acobardo.

Luz. Vn recado quiero dalle
de Roberto mi señor.

Bel. Estraño efecto de amor.

Ele. No sera tiempo de hablalle,
que ha venido m., y cansado.

Luz. Puedoos hablar.

Ele. Que quereis?

Luz. Vn diamante que teneis,

señora, le dio cuidado.
al Almirante, por ser
joya, aunque no de galan,
del gran Duque de Milan,
y porque le quiere ver,
en esta caxa os embia
prendas de tanto valor,
que de qualquiera, el menor
diamante al Sol desafia.

Ele. Y quien es el Almirante?

Luz. No sabeis que lo es Roberto.

Elen. De sus cosas estad cierto,
que estoy, y estarè ignorante.

Luz. Valen veinte mil ducados.

Elen. No hablo en joyas, que hable
de sus titulos.

Luz. Yo sè
que pagais mal sus cuidados,
hame dicho que os dixesse,
que vn Titulo os harà dar.

Ele. Ni vn Reyno pienso estimar
si de su mano viniesse.

Luz. Ha como aueis de boluer
en odio estraño su amor.

Ele. Quien teme solo su honor,
no tiene mas que temer,
huelgome que ayais venido
para que sepais los dos,
que no temo mas de a Dios,
y despues a mi marido. *Vase.*

Salen el Rey, y Roberto.

Rey. Entre todos los Principes que tiene
agora Italia, pienso que ninguno
Roberto, como el Duque me conuiene.

Rob. Pues yo pensaua proponerte alguno,
sin esto dizen, que el de Mantua viene
en esta pretension tan importuno,
que a todos se auentaja en el deseo.

Rey. Lexos de mi proposito le veo,
inclinome a Milan, y lo he tratado
con la Princesa ya.

Rob.

Rob. Dizen que es hombre
no mucho del ingenio acreditado,
si bien tiene opinion de gentil hombre.

Rey. Pues algun enemigo te ha engañado,
que tiene el Duque diferente nombre,
y le alaba la fama de discreto.

Rob. Nunca he tenido del tan buen conceto.

Rey. En que lo has conocido?

Rob. En que no puede
quien fuere descortès ser entendido,
pues solicita que mal quisto quede
con quien pudo quedar agradecido.

Rey. De la verdad los terminos excede,
Quien te ha engañado?

Rob. Como si yo he sido,
pues auiendole escrito no me ha honrado,
como merece la que tu me has dado.

Rey. En que materia.

Rob. En amistad le he escrito.

Rey. Pues no sea parte, no, por vida mia,
para quererle mal, porque es delito
facil de remediar la cortesia:
escriuile por mi, que solicito
darle a mi hermana, y que proponga el dia
en que donde el quisiere lo tratèmos.

Rob. Yo presumo, que juntos dos estremos,
si a mi el de Mantua, bien que a causa tuya,
de Saboya, Ferrara, y de Florencia:
y el Pontifice mismo con ser suya,
la diuina, y humana preheminencia
me escriuen, y honran, no es razon que arguya
con mucha vanidad, poca prudencia.

Rey. Culpa su Secretario, no te enojes

Rob. Siento señor, que tal sugeto escoges.

Rey. No me repliques mas, que ser Otauio
descortès para ti, si es que lo ha sido,
ha sido presuncion, pero no agrauio.

Rob. Que me perdones gran señor te pido.

Rey. No pongas culpa a vn Principe tan sabio,
de lo que tus principios le han tenido,
ni repliques dos vezes a los Reyes.
que en cosas justas, son injustas leyes.   *Vase.*

Sale Luzindo.

Luz. Con disgusto vengo a hablarte

Rob. No será mayor que el mio.

Luz. Yo pienso que es desvario
cansar a Elena, y cansarte.

Rob. O nunca yo visto huuiera
a Elena, pues causa ha dado
a que el Rey se aya enojado;
que ha sido la vez primera
que me ha mostrado rigor.

Luz. Como?

Rob. Casa a la Princesa,
con hombre que a mi me pesa,
porque no le tengo amor:
repliqué mucho a su intento,
que es el Duque de Milan,
con quien concertando están
este necio casamiento.

Luz. Ya sè que el auerle escrito,
para que lugar te diesse,
que a Lisardo entretuuiesse,
y no lo hazer fue el delito:
pero no es razon, señor,
para que dexe de ser,
nuestra Princesa muger
de vn hombre de tal valor;
y de su enojo te auisa,
que en las dichas del Palacio,
suele entrar el bien despacio,
y suele salir apriessa.

Rob. De las palabras me espanto,
en mis principios hablo,
por honrar al de Milan.

Luz. Tierra fueron los de Adan,
que a todos nos igualò.

Rob. Que ay de Elena?

Luz. No ha querido
las joyas, y con razon,
pues tu le has dado ocasion
para no vencer su oluido.
Si tu le cargas de hazienda
a Lisardo, que ha de hazer
esta muger.

Rob. Ser muger,
que de mi amor se defienda:
todo me sucede mal;
ya se muda la fortuna,
porque no ay prospera alguna
que conserue estado igual:
verdad es, que lo enojado
del Rey cessarà muy presto,
que su condicion en esto
larga esperança me ha dado:
esso de necesidad
de Elena, no puede ser.

Luz. Para todo suele auer
algun remedio.

Rob. Es verdad;
pero para que ya sea
pobre Elena, no lo sè.

Luz. Yo si.

Rob. Pues como.

Luz. Yo harè,
que su castidad se vea,
dexame a mi negociar.

Rob. Parte que en tu ingenio fio,
mas buelue, que es desvario
lo que quieres intentar;
porque si es robar su hazienda
de Lisardo, la inuencion,
no queda mi obligacion
empeñada en mayor prenda:
pues si el me lo ha de dezir,
y yo lo he de remediar,
mas ricos vendràn a estar.

Luz. Pues di, que has de hazer?

Rob. Morir;
pero sabes que he pensado;
que para empressas de amor
es el remedio mejor
la deslealtad de vn criado;
llamame a Marin aqui.

Luz. Voy a obedecerte.

Rob. Creo,
que ha de templar mi deseo.

Luz. En el corredor le vi

aguar-

agradeciendo à ſu ſeñor.
Vaſe Luzindo.
Rob. Pues venga Luzindo luego,
que no puede hallar ſoſsiego
amor, ſin tratar de amor.
Yo buſco impoſsibles medios,
pero no ay mal tan cruel,
que no ſe deſcanſe del
ſolicitando remedios.

Sale Marin.
Mar. Dixeronme, que Vuſia
me llama.
Rob. Yo te he llamado,
corrido por oluidado
de lo que el Rey te deuia.
Fuiſte a Milan con Liſaldo,
y no me acordè de ti;
fuera deſo ayer te vi
piſar airoſo, y gallardo,
del patio, Marin amigo
las loſas, y me agradò
tu talle, y aun dixe yo
a los que eſtauan conmigo,
no le eſtuuiera muy mal
vna vandera a aquel hombre.
Mar. Señor, muchos tienen nombre
porque tienen dicha igual;
que a fe que otro huuiera ſido,
al Rey de menos prouecho.
Rob. Bien ſe vè, en tu noble pecho,
que eres hombre bien nacido.
Mar. Peſia tal, llegando ai,
mi madre me lo dezia,
que al tiempo que me paria
con tanta furia ſali,
que la comadre al ruido
con las manos acudiò,
y dixo, ò que bien naciò,
mira ſi ſoy bien nacido.
Que credito ſe ha de dar
deſpues, ſeñor, de los padres,
a las ſeñoras comadres,

porque ſueſen obiſpar.
Rob. Eſtàs pobre?
Mar. Si ſeñor,
porque eſto de andar a caça
de vna racion, amenaça
gran pobreza, y poco honor.
Rob. No trata bien los criados
Liſardo?
Mar. Vn pobre eſcudero,
con humos de cauallero:
tuuo haſta aora cuidados,
ya que le has fauorecido
creceran los alimentos,
que aun por ciertos peſamientos
el, y mi ama han reñido.
Rob. Eſſo deſeo ſaber,
Como por mi vida?
Mar. El quiere
coche, y ella no, que muere
por no ſalir, y es muger.
Rob. Coſa eſtraña.
Mar. Eſto porfia,
y ay muger que ſi pudiera,
por ſaya ſe le puſiera
por traerle todo el dia.
Rob. Quiere mucho a ſu marido?
Mar. Eſto es locura por Dios.
Rob. Y èl a ella?
Mar. Fue en los dos,
amor de vn parto nacido.
Rob. La noche que vino en fin,
Mucho en la jornada hablaron?
Mar. Antes no, que ſe acoſtaron
luego.
Rob. Es ella vn ſerafin:
leuantoſe de mañana?
Mar. Antes no ſe leuantò
que en la cama ſe quedò
à buſcar otra mañana.
Rob. Cielos, que ha de ſer de mi?
ay mucha familia allà?
Mar. Su hermana donzella ya
para reſponder que ſi,

B 3

si algo le pregunta Elena:
vna Ines, de vn coraçon,
herida de conclusion,
que mata quando assegura:
vna mona, vn papagayo,
dos esclauos, y vn rozin,
deudo de cierto Marin,
que es Secretario, y lacayo.
Rob. Que vos quereis bien?
Mar. Señor
en la mocedad es gala,
que en llegando a martingala,
corre diferente humor.
Rob. Que diriades de mi,
si yo quisiesse tambien?
Mar. Que si lo merecen, bien
claro està que serà assi:
que querays firme, y constante,
es buena la prenda, es buena?

Passeese con el.

Rob. Tan hermosa como Elena,
por vida del Almirante.
Mar. Cosa que la misma fuesse.
Rob. Ay Marin, quien puede ser.
Mar. Vos quereis vna muger,
que es forçoso que me pese.
Rob. Porque si tu me has de dar
remedio para que pueda
hablarla.
Ma. Nunca se queda
sin guarda
Rob. Embiarè a llamar
aquesta noche a Lisardo,
y entretanto podrè ir,
si tu me quieres abrir.
Ma. Mucho señor me acobardo.
Rob. Pues quien lo podrà saber?
Mar. No se por Dios si me atreua.
Rob. Por lo menos en la prueua,
que puedes Marin perder:
yo te he de dar mil escudos,
y te hè de hazer Capitàn.
Ma. Los mil escudos haràn

hablar Tudesco, los mudos:
llama a Lisardo, que yo
a la puerta aguardarè.
Rob. Esto Marin, es en fee
de nuestra amistad.
Ma. Pues no.
Rob. A nadie me he descubierto,
si tu el secreto no guardas,
a picaços, y alabardas,
seràs de mi gente muerto.
Ma. Yo descubrirte, señor,
Rob. con esto voy satisfecho. (cho.
Ma. Notable merced me has he-
Vase.

Sale Luzindo.

Luz. Pues como te và de amor?
Ro. Trazè que aqueste me abriesse.
Luz. Y que dize?
Rob. Que lo harà.
Luz. Y si el dueño en casa està,
sera justo que te viesse?
Rob. Quiero embiarle a llamar,
sobre cierto pensamiento,
y en estando en mi aposento,
Celio, ò Fabricio han de entrar,
y dezir, que el Rey me llama,
yo le dirè que me aguarde,
y entre tanto, aunque sea tarde
irè a ver quien me desama.
Vanse.

Salen Lisardo, y Elena.

Ele. Pues tu tristezas conmigo:
tu mi bien.
Lis. Que no lo estoy:
hago a la fee que te doy,
y al alma misma testigo,
que despues que soy amigo
de Roberto, ando eleuado
Elena, en mayor cuidado,
no admire tu confiança,
que esto puede la mudança
de la vida, y del estado.
Ele. Segun esto, mejor fuera

aque-

iqueIla pobreza igual,
a vn hombre tan principal
niguna mudança altera.
Lis. Elena, mudar de esfera,
algo de mudança tiene;

mas ni el bien, ni el mal si viene,
me mudaràn de adorarte.
Escucha pues.
Ele. A escucharte
toda el alma se preuiene.

Lis. Antes la tierra bestirà de Estrellas
los prados, que de yeruas, y colores,
los campos de la Luna varias flores,
sin que tenga el Verano imperio en ellas.
Antes las aues con sus plumas bellas,
entre las aguas cantaràn amores;
y los pezes del mar habitadores,
de la region del fuego las centellas.
Antes las fieras de las verdes seluas,
entre los hombres hallaràn sossiego,
que puesto que a oluidarme te resueluas.
Yo dexe de adorarte loco, y ciego,
Elena de mis ojos, aunque flueluas
mi alma Troya, y mis sentidos fuego.
Ele. Pues primero mi bien, los elementos,
a su materia bolueran confusa,
la tierra en agua, el agua en tierra infusa,
y en calma eterna viuiran los vientos.
Primero baxaràn de sus assientos,
los Orbes de la maquina difusa;
primero nadarà la culpa esfusa,
y la embidia en seguir entendimientos.
Primero al que cautiuo en su cadena,
en la esperança su rescate apoya,
memoria de la patria en tanta pena.
Que pierda yo la mas preciosa joya,
y aunque me llaman en Italia Elena,
me engañe Paris, y me lleue à Troya.

Vase, y sale Marin.
Ma. Huelgome, que se aya ido
ni señora, que aguardaua
para hablarte que se fuesse.
Lis. Pues tu de Elena te guardas.
Ma. No tengo de que señor;
pero criome en su casa,
dueño de mi padre el suyo,

y respetando su cara,
no quiero delante della
pedirte.
Lis. Lloroso, que estraña
nouedad llorar vn hombre.
Ma. Grande amor, o gràdesgracia.
Lis. Y para que es la licencia?
Ma. Voyme a España.

B4   *Lis.*

Lif. Como à Eſpaña?

Ma. Que ay Eſpaña no has oído,
  y que confina con Francia:
  que ay Cataluña no ſabes,
  Valencia, Aragon, Nauarra,
  dos Caſtillas, Portugal,
  Andaluzia, Vizcaya,
  Galicia, fin de la tierra,
  y vnas aſperas montañas.

Lif. Si pienſo, mas a que efecto
  hazes jornada tan larga?

Ma. Deſgracias ſon de los hōbres,
  pues que yo te dexo, baſta
  para ſaber que lo es mia.

Lif. Nó dexare que te vayas,
  ſin que me digas primero,
  de tu deſgracia la cauſa,
  fuera de que yo no quiero,
  que Elena quede enojada
  conmigo, por tu ocaſion,
  y es Marin injuſta paga
  de ſu amor no deſpedirte,
  y aun traicion, a ſus entrañas,
  que mas que por ama tuya,
  es ama, porque te ama.

Mar Señor, la deſgracia es tal,
  que ſerà fuerça no hablarla.

Lif. Marin, no tiene remedio.

Ma. No me importunes, no hagas
  coſa que deſpues te peſe.

Lif. Mientras que mas lo dilatas
  mayor deſeo me pones:
  en vano mas fuerça aguardas,
  mira que no es de diſcretos
  dexar razon començada.

Ma. Señor, antes que mi boca
  para tu ofenſa ſe abra,
  ſi puede llamarſe ofenſa
  la defenſa de tu caſa:
  la palabra me has de dar
  de que no hablaràs palabra.

Lif. Yo la doy con juramento,
  ſobre la Cruz de la eſpada,

y habla preſto, que me tienes,
  caſi en los labios el alma.

Mar. Pues ſabe, que me ha llamado
  Roberto, que quanto trata
  contigo, es hazerte ofenſa
  en la vida, y en la fama.
  Preſumo que mi ſeñora,
  no quiere por eſta cauſa
  coche, en que rueda el honor,
  haſta que en la infamia para.
  Porque a vezes ſus cortinas
  a nueſtros ojos trasladan,
  lo que pienſan que de noche
  encubren las de la cama.
  Dixome, que te queria
  llamar con palabras falſas,
  para que te entretuuieſſen
  mientras el viene a tu caſa,
  que yo le abrieſſe la puerta,
  porque con violencia aguarda
  quitarte el honor.

Lif. Que dizes?

Mar. Y della tomar vengança.
  Prometiome ſi dezia
  el ſecreto deſta infamia,
  quitar la vida.

Lif. Ay de mi!
  que a mi me ha quitado el alma.

Ma. Mira ſi es juſto partirme
  de Napoles, y de Italia,
  y aun irme fuera del mundo,
  quanto mas boluerme a Eſpaña.

Lif. Sin ſentido me has dexado,
  pueſto que yo ſoſpechaua,
  de los diſguſtos que Elena
  recibio de mi priuança,
  que no eran ſin ocaſion:
  Ay hermoſura, madraſta
  de la honra de los hombres,
  veneno en taça dorada,
  codicia de los ſentidos,
  de las virtudes contraria:
  bien dudoſo, mal ſeguro,

esta de desdichas tantas,
culpa a naturaleza,
esse error, pues se retrata
en ti la beldad diuina:
ò breue hermosura humana,
pues a Elena como puedo,
si su lealtad es mas clara
que el Sol, ò traidor Roberto!
afsi los nobles se tratan:
afsi pensaste engañar
mi honor, con riquezas vanas.
Que harè que eres poderoso?
Mar. Señor, por la misma causa,
  halla remedio la industria,
  donde la fuerça no basta:
  no des a entender tu pena,
  y pues tienes confiança
  de la virtud de tu esposa,
  y sabes que no te agrauia,
  aunque me mate Roberto,
  quiero ayudarte a guardarla,
  si tu con prudencia aduiertes
  la defensa, y la venganza.
Lis. Quanto a defender mi honor,
  seguro estoy que no valga
  todo el poder del tirano,
  que con interes le assalta:
  Soy hombre, es muger Elena.
Mar. Si, pero muger tan casta,
  que si aquella infamò a Grecia,
  esta serà honor de Italia.
Lis. Confianças matan hombres.
Mar. Virtudes vencen desgracias.
Lis. Zelos, no agrauian virtudes.

Mar. Sino agrauian, porque mata?
Lis. Puedo dexar de tenerlos?
Mar. Quien ama prendas tan altas,
  porque los ha de tener.
Lis. Porque siguen aquien ama,
  como al Sol la sombra.
Mar. Aduierte
  lo que has de hazer si te llama,
  y dexa imaginaciones.
Lis. Ay cosa mas desdichada
  que llegar vn hombre a ver
  esta desdicha en su casa:
  que hallassen Marin los hombres,
  vna inuencion tan estraña,
  como esta que llaman honra,
  y que toda estè fundada,
  en cosa que es impossible
  guardarla, sino se guarda:
  Viue Dios que fue crueldad.
Mar. Antes fue ley necessaria,
  porque estimassen los hombres
  que no saben estimarlas
  la virtud de las mugeres.
Lis. Aora bien la noche baxa,
  y este ha de embiar por mi,
  entra, que aunque a verle vaya,
  en dexandome en la suya,
  darè la buelta a mi casa.
Mar. Pues tengole yo de abrir?
Lis. Dirasle por la ventana,
  que tiene la llaue Elena.
Mar. Y dirè verdad muy clara,
  que la llaue de la honra
  sola la muger la guarda.

IORNADA TERCERA.

Salen Elena, y Belisa

Ele. No me atreuo aun que me obligas,
Bel. En la ocasion que te hallas,

tanto yerras, quanto callas.
Ele. Pues que es mejor?
Bel. Que lo digas,

por.

porque Lifardo aduertido
remedio pueda poner.

Ele. Mucho yerra la muger,
Belifa, que a fu marido
le dize, quien la requiebra;
pues le pone en confufion,
y con necia prefuncion,
fu refiftencia celebra;
que fuera de que le dio
la pena de la defenfa,
fofpechofo de la ofenfa,
penfara fi es cierta, o no.

Bel. Y fi a faber de otra parte
que te ha querido viniefle,
no es mas cierto que pudiefle
de que le ofendes culparte:
lo que fi primero huuiera
fabido de ti, es muy cierto,
que hallara culpa en Roberto,
y en ti lealtad verdadera.

Ele. No Belifa, lo mejor
es que fepa de otra parte,
que ha fido inuencible Marte,
a fus affaltos mi honor:
nunca fue cofa acertada
el preuenir al marido,
porque no pienfe que ha fido
preuencion de eftar culpada.
A noche falio Lifardo,
y luego vino Roberto,
de que eftaua aufente cierto,
con Fabricio, y con Leonardo.
Llamò, y refpondio Marin,
y dixole que le abriefle;
pero como el entendiefle,
de fu penfamiento el fin:
refpondio, que eftaua alli,
mi hermano; y el aguardò
tanto tiempo, que llegò
Lifardo, al balcon fali,
y fobre entrar, ò no entrar,
concertaron de matalle;
porque la noche, y la calle

dauan fecreto, y lugar.
El por morir con la palma
de fu honor, aunque fofpecho,
que le paflaran el pecho,
y me facaran el alma,
fi ay fangre de amor en ellas,
metio mano contra quatro,
en aquel folo teatro,
que alumbrauan las Eftrellas.
Gran tragedia para mi,
que era el principal papel;
pues ya en el acto cruel,
fombras de mi muerte vi:
fi Marin, que al fin le oyò,
no faliera tan valiente,
como Roberto infolente,
y cobarde; pues le hiriò:
quando tu te alborotafte,
ya Lifardo defcanfaua
en fu apofento; y eftaua
con el gufto que le hallafte,
para no darlo a entender,
aunque todo fue fingido,
el ha callado, y yo he fido
mas diamante que muger:
Que con verle fufpirar
toda la noche a mi lado,
no he dormido, y he callado;
que es mucho callar, y amar:
el hable, pues es razon,
que fi dixere fus zelos,
mi verdad, mi honor; los Cielos
bolueran por mi opinion:
Que mientras no dize nada,
no pienfo dar a entender,
què di caufa para fer
de nadie folicitada.

Salen Lifardo, y Marin.

Lif. En efto me determino.
Mar. Y no me parece mal.
Lif. No puedo en defdicha igual
hallar mas facil camino.

Ele-

Ele.Bien me dezias,
que a la embidia despertaua
la humildad;quando llegaua
ha grandeza,en pocos dias:
Mas que tanto se desmande,
à sido injusta aspereza,
pues à tan poca riqueza
sigue desdicha tan grande,
Por poco me huuieran muerto
a noche quatro emboçados;
pienso que son los criados
del Almirante Roberto.
Que viendome tan acepto
a su señor,han querido
matarme;pero no ha sido
su traicion de algun efeto.
yo sali,gracias a Dios
con vida.
Mar.Di que salimos
con honra,y di que reñimos
como dos Cides los dos.
Lis.Conozco lo que te deuo,
y querra Dios que algun dia?
Mar.No señor,la deuda es mia,
y es obligarme de nueuo:
Mil vidas no eran alli,
quando todas las tuuiera,
de valor,si las perdiera,
y auenturara por ti.
Lis.Esta noche no he dormido,
Elena,porque no son
quando ay imaginacion
bastantes,sueño,ni oluido.
Finalmente resolui,
despues de tantos cuidados,
no dar embidia a criados
de Roberto contra mi.
Quanto me ha dado valdrà,
diez mil ducados,Elena,
que a mi me cuestan de pena
diez mil ocasiones ya.
Nunca Roberto me honrara?
Nunca yo le conociera?

Nunca esta merced me hiziera?
Nunca a Milan me embiara.
Mas yo lo remediare,
con irme este mismo dia,
a Sicilia,Elena mia,
adonde seguro estè.
Oy vna naue se parte,
concertado el flete queda,
tu,porque partirme pueda,
a los esclauos reparte,
lo que a tus cofres y ropa
tocaro,que nuestra hazienda,
y vida,al mar se encomienda,
que llama con viento en popa.
No ay que aguardar,esto es
resolucion,y forçosa,
que vna mano poderosa
tiene el remedio a los pies.
Ele.Yo no tengo voluntad
desde el dia que naci;
que pues naci para ti
la tuya fue mi verdad.
Las leyes de vna casada,
son silencio,y obediencia,
si hazer de tu patria ausencia,
Lisardo mio te agrada:
Sujetaa tu gusto estoy,
y que no me ausento digo,
porque si yo voy contigo
en mi propia patria voy.
Los criados de Roberto,
yo se que no venceran
tu honor,y opinion,que estàn
en lugar seguro y cierto.
En vano su intento ha sido,
de que es buen testigo Dios.
Lis.Es el partirnos los dos,
Elena,el mejor partido:
Ea Belisa,apercibe
tambien tu ropa.
Bel.Señor,
a la sombra de tu honor
el que yo professo viue:

Tu

Tu eres dueño de las dos?
Bien hazes, en irte aciertas.
Mar. Ruido siento en las puertas,
gran gente sube por Dios.

Salen Roberto, Luzindo, criados,
alauardas.

Luz. No llegue vuestra Excelēcia,
que bastamos sus criados.
Rob. No me dexan los cuidados
de tan estraña insolencia;
porque no ay autoridad
donde se atrauiesa amor.
Lis. Vos en mi casa, señor,
con tanta reguridad.
Rob. Infame, y vil cauallero,
merece el auerte honrado
el galardon que me has dado:
Lleualde preso, que espero.
Lis. A mi, señor, en que fui
ingrato al biē que me has hecho:
Rob. Aun piensa tu falso pecho
que puede engañarme aqui.
Lis. Yo te he ofendido?
Rob. Es seruicio,
matarme a Celio, traidor.
Lis. A noche llegue, señor,
sino he perdido el juizio,
a mi casa, a cuya puerta
quatro embocados hallè:
quise entrar, pero no entrè,
por su traicion descubierta
mi persona defendi.
Rob. Esso no esta aueriguado.
Luz. Ha de ir tambien el criado.
Mar. Yo porque.
R b Dexalde aqui,
que en defender su señor
su obligacion ha cumplido.
Lis. Elena, solo te pido
la defensa de mi honor,
no repares en mi vida,
que como el honor se guarde,

no es bien q̄ amor te acoba,
porque honrada, no es perdida.
Viua mi noble opinion
en tu constante verdad,
defiende tu honestidad,
no te espante mi prision,
porque es mass segura cosa
ir, si ay tirano galan
a la carcel, que a Milan
quien tiene muger hermosa.
Lleuanle.
Rob. Allà lo verás el dia
que te corten la cabeça,
esto quiere tu aspereza,
esto tu ingrata porfia:
Es possible que ayas dado
en obligarme a locuras.
Ele. Quanto intentas, y procuras
Roberto, es vano cuydado?
Yo te confiesso el amor
de Lisardo mi marido,
mas nunca tan grande ha sido
como el que tengo a mi honor,
por el qual su vida quiero
perder, que es mas que la mia.
Rob. Yo vencere tu porfia.
Ele. Y yo morirè primero.
Rob. Estàs agora enojada.
Ele. Nunca estuue mas en mi.
Luz. Eres marmol?
Ele. Soy quien fui,
a ser quien soy obligada.
Rob. Vamos, que quando le veas
morir, me remediaràs.
Ele. Si con esse engaño vas,
ni lo pienses, ni lo creas.
Rob. Que de verme no te asōbres,
sin superior en el suelo.
Ele. Por esso ay Dios en el Cielo,
cōtra el poder de los hombres.
Vanse;

Sale Lisardo.
Lis. Prision injusta, de quien

salir

pués con ser quien es la vida
aun es lo menos que temo.
Puesto que auràn ocupado
tus calaboços, y yerros,
muchas culpas, muchos hõbres,
por diferentes sucessos.
Yo sè que no has visto en ti,
quien tenga lo que yo tengo,
pues la virtud, y hermosura,
en este lugar me han puesto.
Enamorose vn tirano,
resistieron su deseo,
dize, que he muerto aquien oy
visto en su palacio vieron.
Bien conozco en el peligro
que està mi honor, pero piẽso
que le sabrà defender
Elena tu casto pecho.
Muchas esperanças hazen
a mis desdichas consuelo;
mucho tu virtud me anima,
amor me dize que puedo:
mas ay del preso   (el seso.
q̃ entre memorias tristes pierde.
Diuinas, y humanas letras,
muestran en claros exemplos,
triũfos de la castidad,
contra tiranos soberuios.
Muchas mugeres ilustres
en carros de oro diuersos,
verdes laureles coronan,
por gloriosos vencimientos.
Muchos lasciuos despojos,
muchas coronas, y cetros
pisaron ruedas triunfantes,
dieron a la fama vertos,
dieron a la historia plumas,
y honor a las patries dieron.
En Grecia, Italia, y España,
contra el oluido, y el tiempo.
Yo conozco Elena mia,
lo que a tus virtudes deuo;
yo sè tu amor, y tu el mio,

pero no me dexa el miedo.
Ya estoy mirando à Lucrecia,
y sucediendo contemplo,
tu nombre al ilustre suyo,
y a tus heroycos trofeos:
mas ay del preso,   (el seso.
q̃ entre memorias tristes pierde

Sale Marin.

Mar. En fin me han dexado verte,
que no fue poco fauor.
Lis. Marin.
Ma. Como estàs señor?
Lis. Entre la vida, y la muerte:
como està Elena?
Mar. No sè
si viurà mucho Elena:
los efectos de la pena
de tu prission te dirè:
Tiene tu casa vna torre
fuerte, aunque antigua, y alli
se ha encerrado, porque ansi
su casto pecho socorre:
quiere que con vn cordel,
vn limitado sustento
suba a vn obscuro aposento,
y acabar la vida en el:
dixome desde las rejas:
mientras que llega mi fin,
dile à Lisardo Marin
de la suerte que me dexas,
que por de dentro he cerrado,
y que la llaue le embio,
para que este el honor mio
de su voluntad guardado.
Dile que Alcayde ha de ser
desta torre desde alli,
que aunque me fiò de mi,
pensarà que soy muger.
Finalmente estè en su mano
la llaue de mi lealtad,
para que mi honestidad
conquiste Roberto en vano.
                    Caian

caygan à la fazon,
que estas razones dezia
de vn sol que ilustraua el dia,
por nubes de confusion.
Vnas lagrimas tan bellas,
que como baxar las vi,
desde arriba, presumi
que lloraua el Cielo Estrellas.
Naturaleza se corre,
de tener menos poder,
pues pienso que han de nacer
perlas al pie de la torre.
La llaue al fin, me arrojò,
toma, señor, y està cierto,
que no subirà Roberto
por el lugar que baxò.
Toma, y guarda su tesoro
confiado aunque te vltrajan,
que donde lagrimas baxan
no subiràn fuerzas de oro.
Lis. Con sentimiento tan justo
que el alma a salir prouoca,
he escuchado las razones,
Marin de mi noble esposa.
Y aunque me consuela el ver,
que la inexpugnable roca,
de su castidad defienda
el honor, que a los dos toca.
No es remedio en tanto daño,
porque no està la vitoria,
en la torre, que el poder
buscarà con que la rompa.
Dile a mi esposa, Marin,
que acetarlo es justa cosa
esta llaue, que me embia,
y a sus manos se la torna.
Que ella misma sea su alcaide?
Que ella se defienda sola,
porque la buena muger
es la llaue de la honra.
Que le ruego que descienda,
y que gouierne animosa
su casa, como solia.

y nuestras cosas disponga.
Con libertad al remedio,
que pueden tener aora
hablando al Rey, si es possible
que nuestras desdichas oyga.
Que si ella, Marin se encierra,
quien ha de auer que proponga
al Rey, este injusto agrauio,
pues si llorando le informa,
quien duda que mi justicia,
halle en su grandeza heroica
piedad, y que la inocencia
de su honestidad conozca,
que nunca a los justos Reyes
amor de priuança estorua,
porque como a Dios imitan,
con la verdad se conforman.
Esto le diràs, y mira,
que es en las castas matronas
el mayor encerramiento
acudir a lo que importa.
Tu la acompaña, Marin,
pues de mis desdichas todas,
eres testigo, y consuelo.
Mar. Pues que hare yo, si tu lloras.
Lis. No te espantes, parte presto,
para que remedio ponga
Elena a nuestra desdicha.
Mar. Quiera la mano piadosa
del Cielo, poner remedio. Vase.
Lis. Entre las furiosas olas,
del mar de la tirania,
con humildes poderosa,
corre mi barquilla pobre
donde los vientos la arrojan.
Romperase, si los Cielos
no ponen en paz las hondas:
Que hare.

Sale el Alcaide.
Alc. Lisardo.
Lis. Quien es?
Alc. Hazed quenta que la sombra
de

de vuestra muerte.
Lis. ¿Y sentencia?
Alc. Y sentencia rigurosa,
con seis testigos se prueba
de Celio la muerte.
Lis. O loca
vanidad de vn poder necio:
viue Celio, y tu furiosa
pruebas que esta muerto Celio,
para que despues te corras,
de ti mismo arrepentido.
Alc. Ver vuestra paciencia sobra,
para ver vuestra inocencia,
pero escuchad vna cosa,
que ha de ser vuestro remedio:
con la Princesa Leonora
casa el Duque de Milan,
y oy ha venido a las bodas,
escriuilde con Elena,
que esta ocasion es forçosa
para que le pida al Rey
vuestra vida.
Lis. Aliento cobra
mi esperança, escriuile quiero,
que vna embaxada traidora
me dio a conocer al Duque,
adonde fui por la posta
con cartas del Almirante.
Alc. Pues esto basta.
Lis. No es poca
la causa pues el la sabe.
Alc. Si el Duque, Lisardo toma
a su cargo el remediaros,
oy la sentencia reuoca
Lis. Si a mis humildes palabras,
responden sus altas obras,
para mi fue su venida,
Alcaide en hora dichosa.

Salen el Duque de Milan, el Rey de
Napoles, y Florencio.

Duq. Los fauores que me han hecho

señor en esta ocasion,
vuestras Magestades, son
dignos de su heroico pecho:
La discrecion y hermosura,
de la diuina Leonor,
fuera de aumentar mi amor
hazen mayor mi ventura.
Mas como en humanas glorias,
no son iguales las suertes,
y suelen templar las suertes
el gusto de las vitorias.
Assi fortuna inconstante
en la gloria deste dia,
quiere templar mi alegria
con ver triste al Almirante.
Rey. Dias ha que viue ansi,
y que me ha puesto en cuydado,
y en esta ocasion he dado
en pensar que es contra mi.
De donde aquel grande amor,
que hasta aora le he tenido,
ha començado en oluido,
y harse acabar en rigor.
Duq. Admirado estoy de oyr,
que os aya dado ocasion.
Rey. Yo pienso que su ambicion
le ha querido persuadir
la sucesion deste Reyno
casandose con Leonor.
Viendo q̃ el reyna en mi amor,
como yo en Napoles reyno:
y que nace su tristeza,
que no quiere declarar.
del cuydado de reynar,
y el amor de su belleza.
Porque no se auer sabido
la causa que me ha negado,
y resistir porfiado
vuestro casamiento, ha sido
para que este pensamiento
me diesse imaginacion
de que tiene pretension
al Reyno, al casamiento.

Duq.

Duq. De la tristeza no sè,
si amor la ocasion ha sido,
la de auerme aborrecido
con libertad os dirè,
pues vos licencia me dais,
con la mudança que hazeis,
del amor que le teneis,
à la sospecha en que estais.
Roberto embio a Milan,
con vna carta engañado,
vn Cauallero embiado,
que es de su muger galan.
Escriuiome entretuuiesse
aquel hombre, respondi
con despacharle de alli,
antes que en Milan durmiesse.
De donde tengo por cierto,
que me aborrece, señor,
y que nacen deste amor
las tristezas de Roberto.
Rey. Pues queria hazer violencia
al valor de essa muger?
Duq. pienso que deuio de ser
ocasion su resistencia.

*Sale Elena con manto vestida de luto,
y Marin.*

Mar. El Rey ha dado señora,
esta licencia.
Ele. Pues llega,
si a nadie el hablarle niega.
Ma. Por las bodas de Leonora,
dizen que no ha de auer preso
que no tenga libertad:
los pies gran señor me dad,
humilde tu estampa beso.
Duq. Quien sois?
Ma. De aquel Cauallero
que Roberto os embiò,
soy criado.
Duq. Puedo yo
seruirle en algo.

Mar. Oy espero
su remedio de essa mano.
Duq. Donde está?
Mar. Preso señor.
Duq. Preso.
Ma. Es notable rigor
de vn poderoso tirano,
aqui viene su muger.
Duq. Señor, la dama está aqui
de Roberto, y aunque ausi
me viene a hablar, ha de ser
delante de vos, si acaso
no os teneis por deseruido.
Rey. Antes por ver lo que ha sido,
quiero saber todo el caso.
Duq. Llegad señora, y hablad,
su Magestad dà licencia.

Descubra el manto, y llegue.
Ele. La justicia, y la inocencia
de vn Cauallero escuchad.
Rey de Napoles Alfonso,
digno por tus claros hechos
de las Aguilas partidas,
Corona del sacro Imperio.
Y vos gran Principe Otauio,
que del feliz casamiento
de Leonora, aueis de dar
Reyes a diuersos Reynos.
Assi de remotos Indios,
os traygan oro, y trofeos,
vuestras naues, y soldados,
que oygais mi desdicha atentos.
Yo soy Elena de Lauria,
muger de Lisardo Aurelio,
hijo de padres tan nobles,
que a sus hazañas deuieron
los Principes de Aragon,
ver dilatado su Cetro,
de España a la vella Italia,
de Napoles a Palermo:
Perdiose como acontece
de la memoria del tiempo

su casa, y heredò pobre
el honor de sus abuelos;
casòse conmigo, a quien
mirò con ojos honestos,
estimando la virtud
por dote del mayor cielo.
Viuimos los dos seis años,
sin que esta paz, y contento,
deshiziesse enojo alguno,
por condicion, ò por zelos:
pero en medio desta paz,
vn dia me vio Roberto,
el primero de mi mal,
y de mi bien el postrero.
Fui para desdicha mia
de mis tristezas sujeto
nacidas de mi virtud,
y de sus locos deseos.
Pareciole que ausentando
a Lisardo, mal consejo,
fuera su violencia mas,
y mi resistencia menos:
pero no fueron possibles
sus promessas, y tus ruegos,
para que puerta, ò ventana
se abriesse a interesses necios.
Contar yo sus diligencias,
fuerças, trayciones, y enredos,
era dar numero justo
a los atomos del viento.
Fingia que el Rey le daua,
ò por los seruicios hechos,
ò por lleuar a Milan
cartas de vn pleyto supuesto,
muchos dineros, y joyas,
y eran joyas, y dineros,
para vencer lo impossible
de mis castos pensamientos.
Que ventana de mi casa,
que reja, o puerta, estuuieron
de sus escalas seguras,
y traidores instrumentos.
Pero no ay yerro señor,

que mas defienda de hazerlos,
como estar la castidad,
reja de diamante en medio.
Toda Napoles lo sabe,
tu solo no, que no fueron
las verdades tan dichosas,
adonde el amor es ciego.
Murmuran el que le tienes;
pero son pinos excelsos
los Reyes, que por su altura
no escuchan los arroyuelos.
Vltimamente, señor,
le llamò vna noche, haziendo
que le engañen sus criados:
pero auisandole desto
el que ha venido conmigo,
cuya lealtad, y silencio
mereciera honor de estatuas,
entre Latinos, y Griegos.
Boluio a su casa, y hallò,
que la estaua defendiendo
mi honor, con las fuertes armas
de mi pensamiento honesto:
pareciole que ya estaua
su loco amor descubierto;
y de matar a Lisardo
resoluio su entendimiento.
Mas con fauor de quien digo,
y lo primero del cielo,
que la inocencia defiende,
fue vano su loco intento:
Mas luego el siguiente dia,
vino con la guarda haziendo
la mas estraña inuencion,
que cupo en tirano pecho.
Prendio a Lisardo mi esposo,
diziēdo que a Celio ha muerto,
y anda en la ciudad, señor,
viuo, y sin verguença Celio.
Con esto le ha sentenciado
a muerte probando el hecho
con testigos que no faltan
donde sobran los dineros:

C   que

què esto de falsos testigos,
hasta que estàn descubiertos,
son mohatras de la embidia,
para destruicion del dueño.
Todo a efecto de que pueda
conmigo el amor, y el miedo
de mi marido, acabar
lo que no el poder, y el ruego:
Oy se la han notificado,
y està el pobre Cauallero,
preuiniendo a Dios el alma,
y para el cuchillo el cuello.
Como ha venido el granDuque
para ser cuñado vuestro,
y de Leonora marido,
pareciole, Rey supremo,
pedirle en esta ocasion,
pues tiene conocimiento,
esta maldad interponga,
sino para su remedio,
para aueriguar la muerte
de Celio, pues viue Celio.
Su autoridad, confiado
de su valor, prefiriendo
el gusto del Rey en todo,
que si al honor de Roberto
importa, morir Lisardo,
morirà por no ofenderos:
pero si el hazer justicia,
dio tanta gloria a Seleuco,
a Torcato, a Bruto, a Fuluio,
que sus propios hijos diéron
al cuchillo, Rey Alfonso,
mejor podeis a su exemplo
dar la vida de vn criado,
ò permitir alomenos,
que la verdad se descubra
en honra de vn pecho honesto,
que la fama agradecida
harà vuestro nombre eterno,
si en la justicia los Reyes
son imagenes del Cielo.
Rey. Antes Otauio que hableis,

pues para tal sinrazon,
es ociosa intercession
la que por Lisardo hareis:
vayan luego por Lisardo,
y venga Lisardo aqui.
Ele. Quan justamente de ti,
justicia, y remedio aguardo.
Duq. Crea vuestra Magestad,
que quantas hazañas graues,
le han dado en campos, y naues
opinion, y autoridad:
ninguna con mas razon,
que hazer agora justicia,
castigando la malicia
contra su misma aficion:
si bien ya me dà a entender,
que la templa el desengaño
de vn hôbre humilde y estraño,
oy Cesar, y nada ayer.
Rey. Quando con el mismo amor
que le he tenido le amara,
en vna maldad tan clara,
mostrara el mismo rigor.
Yo estoy ya desengañado,
y quando no lo estuuiera,
la misma justicia hiziera.

Salen Lisardo, y Florencio.
Flo. Aqui està el preso.
Lis. Y postrado,
señor inuicto a essos pies.
Rey. Lisardo, obligado estoy,
a hazer por vos desde oy,
lo que os deuo, y justo es.
Mejor fuera que Roberto
me acordara obligaciones,
a tantos fuertes varones,
q en nuestro seruicio hã muerto
Que no intentar infamaros,
no siendo Elena quien es,
con su violencia, y despues
querer la vida quitaros.
Mi Capitan de la Guarda

os

os hago para que vais
a prenderle, y le traygais,
donde mi enojo le aguarda.
Lis. Con lagrimas os responde
mi humildad.
Duq. La vengança deste agrauio
a tu grandeza responde.

Vanse el Rey, y el Duque.

Lis. Elena mia.
Ele. Señor.
Mar. No ay señor, sino ir bolando
a prender este hombre.
Lis. Quando
fuiste llaue de mi honor
tuue mi remedio cierto.
Mar. Oye, a la noche hablaràn,
vamos señor Capitan,
y prendamos a Roberto.

Salen Roberto, Celio Fabricio,
y Lucindo.

Rob. A risa me has prouocado,
y por otra parte a pena.
Luz. Yo pienso señor que Elena,
remediara tu cuidado,
porque viendo a su marido
el cuchillo a la garganta,
no serà su crueldad tanta.
Rob. Donayre notable ha sido
sentenciarle por la muerte
de Celio, y que Celio estè
con nosotros.
Cel. bien se vè
que te burlas.
Rob. Zelio, aduierte,
que sino se mueue Elena,
la he de dar este disgusto.
Fab. Yo no sè si es justo, o injusto,
pero ya Lisardo ordena
su alma, y su testamento.
Rob. En peligro semejante,
no serà Elena diamante,

mudarà de pensamiento.
Luz. Yo no veo entrar persona
que no imagine que es ella.
Rob. Llorando estarà mas bella.
Cel. Mi muerte señor perdona,
que me pesa de andar muerto.
Rob. En viniendome a rogar
Elena, se ha de tratar
del perdon, y del concierto.

Sale la guarda, Marin, y Lisardo.

Ma. Aqui està Roberto.
Lis. Entrad.
Luz. Que es esto señor que veo,
Lisardo libre.
Rob. Que dizes,
si por vida de Roberto.
Lis. Date Roberto a prision.
Rob. Yo preso guardas que es esto,
Gu. Señor, esto manda el Rey.
Rob. El Rey a mi.
Lis. Date preso,
quitale Marin la espada.
Rob. Ay mayor atreuimiento,
hombre no sabes quien soy.
Ma. Deme la espada, acabemos.
Rob. Guardas tomalda vosotros,
pues aqui no ay Cauallero
a quien yo la pueda dar.
Lis. Roberto, yo soy tan bueno,
como los que buenos son,
y mejor que tu.
Rob. No puedo
creer que passa por mi
tal sucesso, es sombra, es sueño:
criados.
Ma. Ya los criados
al vso del mundo huyeron.
Rob. No ay hombre aqui.
Ma. Para que
Lis. Lleuadle.
Rob. Estraño sucesso.

C2

Sa.

Salen criados delante, y el Rey, el Du-
que de Milan la Princesa Leonor,
y damas, Elena, y
Belisa.

Duq. Quantas honras recibiere
Elena, quiero que todas,
Princesa hermosa me obliguen.
Prin. Elena muger heroyca,
merece por su virtud,
que la celebre la historia,
de las mugeres ilustres.
Rey. Las Romanas, Españolas,
y Griegas, laurel le rinden.
Ele. Bien conozco que os prouoca
mi inocencia, y ser el dia
de vuestras felizes bodas.
El cielo de quien confio,
ilustrissima Leonora:
os de por bien destos Reynos
larga sucession dichosa;
que pues oy junta a Milan,
de Napoles la Corona;
parece que dar le quiere,
lo que ha faltado hasta agora.
En mi tendreis vna esclaua,
que esta merced reconozca,
lo que tuuiere de vida.
Prin. Qualquiera merced es poca,
para darle premio justo
a vna accion tan virtuosa.

Salen las guardas, Roberto, Marin,
y Lisardo.

Lis. Aqui señor, tienes preso
a Roberto.
Rey. Aun ver me enoja
lo que algun tiempo estimaua.
Rob. La inconstancia de las cosas
del mundo, tendrà en mi exêplo
vna fabula notoria
de sus faciles promesas,

de sus esperanças locas,
y de que humildes principios
a ser lo que fueron tornan:
he sido yo por ventura
desleal, tanto te asombra,
q̃ vn justo amor me enloquezca
por vna muger hermosa:
soy el primero del mundo
que los idolos adora,
donde tantos Capitanes,
y tantos Sabios se postran
al poder de vn ciego Rey:
he sido ingrato a tus obras,
he manchado tus grandezas
con traiciones aleuosas:
no esta presente la culpa
que mis delitos abona,
que puesto que es mi fiscal,
quiero que agora interponga
su piedad, como Abogado.
Rey. Si ella por tu causa aboga,
haz quenta que mi justicia
essa apelacion te otorga,
yo no digo que no tenga
amor fuerça poderosa,
pero para amar se entiende,
no para intentar deshonras,
no para quitar las vidas;
pero no quiero que pongas
culpa a amor, ni a la fortuna,
que los que leuanta arroja
del lugar donde los sube,
sino que de ti disponga
Lisardo, el te dè sentencia,
ò piadosa, o rigurosa,
el es tu juez, Roberto.
Rob. De juez que se apassiona
por vna de las dos partes;
y que es nulidad notoria
ser tambien parte, y juez,
como podrà ser piadosa
la sentencia desta causa,
y mas si la vara toma

en la mano del agrauio.

Lif. Roberto, ley es forçofa,
que la pena que me difte,
y mas fi honor me prouoca,
efta mifma te dè a ti.

Rob. Merezco muerte afrentofa,
mas juez que de la parte
en publico fe enamora,
como tu lo eftàs de Elena,
fi bien puedes que es tu efpofa:
Como puedes fer juez?

Rey. Roberto, jufticia fobra,
oy has de morir.

Rob. Apelo
en execucion tan corta,
à Elena, muger al fin,
cuyas virtudes adorna
la piedad.

Ele. No te engañafte,
pues Elena te perdona.

Rob. Befo mil vezes tus pies,
nueua Marcia, Iulia, y Porcia.

Rey. Piadofa hazaña!

Duq. Por ella,
mientras mas la galardona
el Rey mi feñor, le doy
quatro villas, y fon pocas,
en mi eftado.

Rey. Y yo à Lifardo
por fu cafa generofa,
los titulos de Roberto.

Lif. Dichofa Elena la hora
en que la mano te di;
pues prueua el fin defta hiftoira,
que el tener buena muger,
es la llaue de la honra.

F I N.

C 3   CO,

MAS PVEDEN ZELOS QVE AMOR.

COMEDIA

FAMOSA

DE LOPE DE VEGA CARPIO.

Personas que hablan en ella.

Marcelo.	Leonor.
Octauia.	El Principe de Francia.
Nuño.	Fabricio.
El Conde de Riuadeo.	Finea.
El Duque de Alanson.	Mendoça.

Salen Octauia dama, y Marcelo criado.

Mar. Hermosa Octauia, si possible fue ra,
que igualara mi amor tu entendimiento,
con lealtad de vassallo respondiera,
a tu desesperado pensamiento,
y con exemplos viuos presumiera,
sino la causa reduzir tu intento,
al mas seguro medio que han tenido,
contra fuerças de amor, armas de oluido:
Tu a Francia, tu corriendo disfraçada
de Nauarra à Paris; tu sin sossiego,
de tu honor, y tus deudos oluidada,

te precipitas a vn error tan ciego,
que simple mariposa enamorada,
no huye veloz la actiuidad del fuego,
costandole las alas la porfia,
despues que conociò que no era el dia.

OB. Marcelo si tu propones
de amor la inuencible fuerça,
para persuadir mas zelos,
mas me animas que me templas.
Y para que no presumas,
que te llamè de la aldea
sin notable confiança
de tu hidalga gentileza:
aunque solo te he contado,
que amor a Francia me lleua
con el disfraz atreuido
que mi pensamiento intenta:
Agora de todo punto,
quiero Marcelo que sepas,
q̃ es amor, y por quiẽ me obliga
a que tal hazaña emprenda:
pero aduirtiendo primero,
que de locuras como estas,
y en mugeres de valor,
estàn las historias llenas.
El Conde de Riuadeo
vino Marcelo a esta tierra
a ver vna hermana suya,
(bien conoces la Condesa
de Lerin) està casada,
si de sus bodas te acuerdas,
con don Carlos de Beamonte;
combidada estuue a ellas:
las galas, la bizarria,
y algun despejo, o ya sea
mi entendimiento, que algunos
aunque engañados celebran;
dieron ocasion al Conde,
que quien dize que es estrella,
mucho quita a lo bizarro,
y mucho a lo hermoso niega;
para que pusiesse en mi

los ojos con tanta fuerça,
que le costò la porfia,
lo que el desprecio me cuesta.
Vn año estuuo en Nauarra,
donde no sè como pueda
pintarte su loco amor,
y mi rebelde aspereza:
intentaua siempre el Conde
con seruicios, y con fiestas,
vencer mi necia porfia,
sino auiendo amor, es necia:
Que mañana puso el alua
sobre los montes apenas,
los pies de rosa en la nieue,
primero que en verdes yeruas,
que no le hallasse mirando
por los hierros de mis rexas,
si era el Sol el que salia
por el Oriente, o por ellas.
Nunca en braços de la noche
con amores de su ausencia
cayò desmayado el dia,
que no le hallasse a mis puertas:
no begaua sus visitas
la cortès correspondencia,
deuida a la obligacion:
mas quiero tambien q̃ aduiertas
que mesurado en la silla,
yo en la almohada compuesta,
el era Adonis pintado,
y yo era Venus de piedra:
a sus cartas amorosas,
nunca yo negue respuesta,
mas tan frias, que iban todos
con su firma, y con su fecha,
porque papeles sin alma
son rotulos de comedia,

C 4   que

solo dizen el nombre
para que vayan a ella:
Venció el oro muchas vezes,
que es el Rey de los Planetas
como retrato del Sol,
y de sus rayos materia.
Las criadas de mi casa,
porque donzellas, y dueñas,
nunca son para las damas,
los dragones de Medea.
Dieron la puerta a vn jardin,
donde vna fuente risueña
me lleuaua algunas noches
à vèr sus fingidas perlas.
No me enojè, que antes quise,
que cortesmente creciera,
que no teme quien no ama,
aunque los sucessos tema.
En vnos assientos verdes,
amor, y desden se assientan,
el se turba, y yo me burlo,
mormura el agua, y se quexa.
Perdió el Conde la ocasion,
que aunque no sufriera fuerça,
quando no se coge el fruto,
ay flores que le prometan:
necio es el hombre que a solas,
assi los efectos trueca,
que aguarda siendo el galan,
à que la dama lo sea:
Ya se asomaua el Aurora
por el balcon de açocenas,
con luzientes interualos.
de su dorada cabeça,
para darle mas lugar,
como piadosa tercera:
Mas quando le vio tan mudo,
que quien ama no respeta,
arrojò de vn golpe el dia,
èl se hallò del jardin fuera:
y yo fuera del peligro
vengandome de mis dueñas,
si hasta alli me parecia,

el Conde como vna dellas,
mucho mas de alli adelante,
que tan pocas diligencias,
a nuestra imaginacion,
arguye muchas flaquezas:
que para guerras de amor
acobardan tales señas,
porque los buenos soldados,
no ay cosa que no acometan:
enmedio destos desdenes,
y destas frias finezas,
tuuo cartas de Castilla,
y fue forçosa su ausencia:
mandole el Rey don Alonso,
que partiesse a Francia apriessa
particular embaxada,
digna de su sangre, y prendas,
que pide el Francès Delfin
la Castellana Princesa,
y para la conclusion,
es la embaxada postrera:
quieres Marcelo creer
vna cosa la mas nueua,
que has oido, ò yo me engaño,
que en nuestra naturaleza,
puso vna beleta el Cielo
de tan mudable afsistencia,
que no ay viento que la embista,
que pueda tener firmeza.
Apenas se partió el Conde,
dexandome de sus penas,
en sus lagrimas testigos,
y lastima de sus quexas,
quando comencè a pensar,
y pensando en mi, y en ellas,
echaron menos mis burlas
tantas amorosas veras:
de imaginar mis desdenes,
y aquellas finezas tiernas,
vine a enfadarme de mi,
y vengueme en mi tristeza,
pero passando los dias,
que no ay cosa q no embueluan,

en

en fu oluido, me efpante
de imaginacion tan necia.
En efta fazon de Francia,
vino a Nauarra don Vela,
preguntele por el Conde,
y diome dèl eftas nueuas.
Tiene el Duque de Alanfon,
Octauia, vna hermana bella,
Leonor en nombre, en la gracia
Venus, Sol en la belleza.
El Conde de Riuadeo
perdido de amor por ella,
tan Caftellano la adora,
tan Portugues la fefteja.
Que en todo Paris fe dize,
que fe cafarà con ella,
que de publicos fauores,
efto es jufto que fe entienda.
Quien dirà, que puede fer
del alma tan grande ofenfa,
que lo que no pudo amor,
zelos tan ya juftos, puedan.
A tanto llegò mi embidia,
fi es bien que la embidia fea,
difinicion de los zelos,
que folamente me queda:
para no perder la vida,
vna efperança tan negra,
como es ir a ver al Conde,
y eftorbar con diligencias
que no fe cafe, fi amor.
de lo que oluida fe acuerda.
No quiero confejo ya,
que perdida, eftoy refuelta,
enamorada, zelofa,
aufente de temor llena:
arrepentida por loca,
defefperada por cuerda,
fin remedio por mi culpa,
fin gufto por mi foberuia,
y finalmente tan trifte,
que entre zelos, y fofpechas,
retrato vna muerte viua.

y foy vna vida muerta.

Sale Nuño criado de camino.

Nuñ. Para la prieffa que has dado,
señora en efta partida,
ò ya eftàs arrepentida,
ò es defcuydo tu cuydado,
quedamonos en Nauarra,
ò auemos de ir a Paris.
Oct. Penfamiento que dezis.
Nuñ. Ponte a cauallo biçarra
con el trage de varon,
en que disfraçarte quieres.
Oct. Si fabes de las mugeres
la inconftante condicion,
que te admiras
de que tan fufpenfa eftè.
Nuñ. Pues fi relampago fue
de aquellas zelofas iras,
ferena señora el cielo,
y ceffe la tempeftad,
fi con deuida lealtad
te defengaña Marcelo,
y dame el veftido a mi,
que bien le aurè menefter,
y harè las poftas boluer.
Oct. Hablarè conmigo en mi.. *Ap.*
en tal determinacion,
y como loca impofsible,
dime amor; ferà pofsible
tan injufta execucion,
preguntefelo a los zelos,
zelos iremos, ò no?
Porque quedando me yo,
me matareis a defvelos,
parte con animo Octauia,
porque fi fomos locura.
Quien darnos feffo procura,
lo mifmo que quiere agrauia,
parte con igual valor,
pues el agrauio te esfuerça,
que aunq amor tiene grã fuerça,
mas pueden zelos, que amor.

Nuñ.

Nuñ. Que falió de la confulta?
Oct. Que parta à Francia decreto
    de mis zelos.
Nuñ. En efeto
    fon zelos, locura oculta;
    y en ti declarado pica;
    y adonde te pierdas parte,
    que no quiero replicarte,
    pues Marcelo no replica.
Mar. Yo Nuño, que puedo hazer?
Nuñ. Bien dizes, folo partir.
Mar. Vna ley tiene el feruir.
Nuñ. Y es.
Mar. Callar, y obedecer.   *Vanfe.*

   Sale el Conde de Riuadeo, Leonor
      dama, y criados.

Leo. Suplico à Vfeñoria
    fe quede, que no es razon.
Con. Quexaráfe la ocafion,
    y negarà que fue mia.
Leo. Aunque es cortès, es porfia.
Con. Quando el amor no lo fue;
    y mas que es justo que efte
    quexofo de fer cobarde;
    que à quien fe arrepiente tarde,
    no le aprouecha la fee.
    La carroça no ha llegado,
    y es justo que me efcucheis.
Leo. Vos Conde lo mereceis.
Con. Mucho me aueis obligado;
    y afsi quiere mi cuydado,
    de agradecido aduertiros,
    que el defeo de feruiros,
    tantas almas os embia,
    como inftantes tiene el dia,
    en braços de mis fufpiros;
    defde que vine de Efpaña,
    y en aquella fiefta os vi;
    mi parria fue para mi,
    barbara inculta, y eftraña;
    mi verdad os defengaña,

    y el alma que viue en vos;
    que los dos, fi quiere Dios
    juntos iremos à ella.
    Quãdo el Duque, Leonor bella
    nos de la mano à los dos:
    eftos cuydados le dàn
    tanta guerra à mi fentido,
    que os hable como marido,
    quando efperaua galan;
    ya mis defeos eftan
    con mi amor tan concertados,
    que preuiene fus cuydados,
    à vueftro valor atentos;
    galanes los penfamientos,
    y los requiebros cafados.
    Mirad, madama Leonor,
    como por mi mifmo quiero;
    fin ayuda de tercero
    manifeftaros mi amor.
    Efte es el papel mejor,
    efte es el mas galan paffeo
    de vn alto, y dichofo empleo;
    que no es menefter papel,
    donde la lengua fin el
    puede efcriuir fu defeo.
    Y fi el Duque vueftro hermano,
    de Efpañoles grande amigo,
    oy lo quiere fer conmigo;
    oy me aueis de dar la mano;
    y fi es penfamiento vano,
    defpedid mi confiança,
    que quien pretede, y no alcança
    de fu amor fatisfacion,
    fi pierde la poffefsion,
    no ha de tener efperança.
Leo. A tantas obligaciones,
    como deuo agradecer;
    mejor podràn refponder
    las obras, que las razones:
    eftas fon fatisfaciones
    de tan honrados intentos;
    y crean los penfamientos,
    mas tiernos, y enamorados;

                     que

qũe de plaços, y cuydados
abreuian los casamiẽtos.
No llamarè tierra estraña,
à España, yo para mi,
porque si en Francia nací,
quiero morir en España.
No serà de amor hazaña,
quando con meritos tales,
el amor nos haze iguales,
porque con igual valor,
ya es razon, y no es amor,
que iguala amor desiguales.
Es el Duque de Alanson,
tan Español por la vida,
que serà del bien oìda
vuestra justa pretension.
Y aunque se funda en razon
este amor, que auia de ser
sin razon, para tener
fuerça de amor, le agradezco.
La razon con que os ofrezco,
ser Conde vuestra muger.
Ya la carroça està aqui,
no passeis mas adelante.

Con. Quedo señora arrogante,
y quedo fuera de mi.

Leo. Para seruiros naci.

Con. Templad el fauor, por Dios,
no os oluideis, que sois vos,
que puede ser, que por èl
me embidie amor, y yo a èl,
y nos matemos los dos.

*Vanse Leonor con su gente, y
queda el Conde, y Men-
doça.*

Con. Yà Mendoça, yo, y mi amor
rematado auemos quentas.

Men. Agora si me contentas,
que has hablado con valor,
en Nauarra tu frialdad,
que siempre al amor agrauia,
fue causa de que en Octauia
no imprimiesses voluntad.
Notable milagro ha sido,
auerla Conde oluidado.

Co. No haze mucho vn despreciado
que el desprecio causa oluido
en las partes de Leonor,
quando Octauia me quisiera,
aun pienso que hallar pudiera
remedio contra su amor.

Men. Ya estàs contento, y vengado,
pues enamorado estàs.

Con. Y aun no sè qual estoy mas,
vengado, ò enamorado.

Men. El Principe sale, y creo
que te ha visto, y viene hablarte.

Con. Pues retirate à vna parte,
si me busca su deseo,
que le di vn retrato ayer
de la Castellana Infanta.

Men. Que enamore amor espanta,
por oir, como por ver.

Sale el Principe Carlos.

Prin. Señor Embaxador.

Con. Inuicto Carlos.

Prin. Vuestra amistad deseo.

Con. Y yo los mios, gran señor, mostraros
en tan dichoso empleo,
porque con vos no tiene parte alguna
el tiempo, y la lisonja, y la fortuna.
Sois de los Sabios, verdadero amigo,
premiais el bien, y dais al mal castigo,

teneis

Mas pueden Zelos, que Amor.
teneis cerca de vos illuftre gente,
que os dize bien de todo:
no aquellos que nacidos baxamente,
con embidiofo modo,
quieren que nayde tenga entendimiento,
fiendo claro argumento,
que fon del vueftro agrauios,
y que ellos folos quieren fer los fabios:
teneis palabras à fu tiempo graues,
y con refpueftas blandas, y fuaues
fale de vueftro oido,
el que en la guerra, ò paz os ha feruido
contento, y fatisfecho.
Porque quando merced no le ayais hecho,
le bafta al que pelea, y al que efcriue,
el ver que de fu Rey en gracia viue:
fiempre eftais rendido
en eftudios que alientan, y no impiden
del gouierno el cuydado,
que del Cetro Real las leyes piden:
porque tambien vn Principe parece,
quando ocafion fe ofrece,
con la pluma en los libros ocupado,
como con el bafton en campo armado,
honrais los Templos, que es la accion primera
de vueftro Chriftianiffimo apellido
de los contrarios de la Fè temido,
porque fino es de Dios, de quien efpera
buen fuceffo el Imperio foberano,
fi el coraçon del Rey eftà en fu mano?
Prin. Que os parece Paris.
Con. Maquina hermofa,
que la ciudad de Nino populofa
puede hazer competencia,
y mas con vueftra efplendida afsiftencia.
Prin. Que os parece fus nobles Caualleros?
Con. Que aun viuen en Paris los doze Pares,
que fueron en el mundo los primeros
teftigos, tanta tierra, y tantos mares,
como por ellos conquiftar fue vifto,
hafta el Sacro piramide de Chrifto,
valor de aquel Gofredo,
que pufo al Afia miedo,

y don

y donde su creciente tuuo el Moro,
la flor de Lis azul en campo de oro.
Prin. Que os parecen sus damas.
Con. Carcel de amor, y de su esfera llamas;
pero ninguna iguala a mi señora
la Infanta, como en nombre Blanca Aurora,
por quien Embaxador vengo a casaros.
Prin. Y yo para aduertiros, y informaros,
que vais en los desconciertos mas despacio,
que yo sè que saliendo de Palacio
aueis visto vna dama;
pues siempre la verdad venciò la fama,
mas perfeta, y hermosa.
que con el Alua sale entre su risa,
de la verde prision, la fresca rosa,
y del voton la roja mamitissa,
cuyo vestido, que al rubi colora,
guarnece de sus perlas el Aurora.
Con Alaba vuestra Alteza
con atencion, y gusto la belleza
de Madama, Leonor, pero no iguala,
ni la hermosura, ni la gracia, y gala
de Blanca mi señora.
Prin. Quedad Conde aduertido desde agora,
que me conuiene a su seruicio atento,
que dilateis de Blanca el casamiento,
que aunque no he de casar con mi vassalla,
quiere mi grande amor solicitalla,
en tanto que dilatan los conciertos,
hasta que se concluyan siempre inciertos,
las cartas que vendràn a vuestra mano,
porque tengo por llano,
que siendo vos mi amigo,
y del secreto deste amor testigo,
ayudareis mi intento,
que esto no ha de estorbar el casamiento,
que aun es muy niña Blanca para esposa;
y en tanto puedo de Leonor hermosa,
conseguir de mi amor algun defecto:
esto basta Español, pues sois discreto. *Vase.*

Con. Buen lance auemos echado,
Mendoça, amigo por Dios.

Men. Pues que es lo q aqui los dos,
a solas aueis tratado.

Con.

Co. El Principe eſtà empeñado por
Men. Pues à que efecto   (Leonor.
te lo ha dicho.
Con. Con ſecreto
me ha mandado, y aduertido,
que dilate el caſamiento;
y las cartas de Caſtilla:
y aunque no me marauilla
ſu amoroſo penſamiento;
ſiendo tan bella Leonor;
ſoy dos vezes deſdichado,
por amante mal fundado,
y por necio Embaxador,
que auiendo de competir
con el poder ſingular,
ni a Blanca puedo caſar,
ni a Leonor puedo ſeruir.
Apenas los dos aqui
de caſarnos concertamos,
y la palabra juramos,
que ella me dio, y yo le di.
Quando como ſuele auer
algun graue impedimento,
deceſſen mi caſamiento,
fortuna, amor, y poder.
Suele en la yerua de vn prado
ir vn ſonoro arroyuelo,
y hallar por el verde ſuelo
el libre paſſo atajado
del labrador que le cerca;
y rebalſando el criſtal,
aſſomarſe bien, ò mal
por encima de la cerca.
Anſi yo, quando corriendo
iba con mi loco amor,
hallo que vn Rey a Leonor
me va el paſſo deteniendo;
mas yo que del juſto intento,
me veo boluer atras,
quanto me detiene mas,
mas crece mi penſamiento;
y como arroyo ſonoro,
que excede con el criſtal,

el atajo bien, ò mal,
paſſate a Leonor que adoro.
Men. Mal ſe podrà reſiſtir
tan fuerte competidor;
y huuiera ſido mejor,
que le ſupieras dezir
el caſamiento tratado;
que a vn Principe generoſo,
del penſamiento amoroſo
quedarà deſengañado,
y como ſuele romper
con el açadon al muro
el labrador, y del puro
arroyo el agua correr.
Aſi ſi pudiera tu amor
hallar paſſo a tus intentos,
atajando penſamientos
del Principe con Leonor.
Con. No ſe ſi fuera acertado,
quiero eſperar ſu conſejo,
pues en ſu firmeza dexo,
de mi remedio el cuydado;
bien fuera auerla pedido
a ſu hermano por muger,
con que quedàra el poder
deſengañado, y vencido:
quiero aduertirle.
Men. Rezelo
que emprendes vn impoſſible.
Con. Al amor todo es poſſible;
y todo poſſible al cielo.   *Vanſe*

*Salen el Duque de Alanſon, y Leonor
ſu hermana.*

Duq. Parece que hablas con guſto
del Embaxador de Eſpaña.
Leo. Tanta virtud le acompaña,
q̃ hablar bien del Conde es juſto,
y es liſonja para ti,
de Eſpañoles hablar bien.
Duq. Si para ti lo es tambien,
hurtaràſme el guſto a mi;
conoci aquella Nacion

en

en España por dos años,
que alli estuue, y son engaños
de siniestra informacion,
dezir de Españoles mal;
yo como los he tratado,
vine de España obligado
a correspondencia igual,
y a quererlos siempre bien.

Leo. Pienso que mi inclinacion
te ha dado Arnaldo ocasion
para probarme tambien.

Duq. Malicia es essa Leonor
por el Conde Castellano.

Leo. Por galan y cortesano,
general merece amor.

Duq. Nunca faltan ocasiones
sobre algunos intereses,
à Españoles, y Franceses,
dos belicosas Naciones.
Que aunque la sangre Real
los junte por casamientos;
siempre estàn como elementos
en contienda natural.

Leo. De que nace.

Duq. De querer
el imperio del valor,
alta presumpcion de honor,
imposible de vencer,
porque el cielo no se parte,
ni puede auer mas de vn Sol.

Sale Finea criada.

Fin. Vn Cauallero Español
de camino quiere hablarte.

Duq. Hablo Castellano.

Fin. Si, que es la lengua conocida.

Duq. Es viejo, ò moço.

Fin. En mi vida
moço mas gallardo vi.

Duq. Pues retirate Leonor.

Leo. Necios zelos.

Duq. No te vayas
si tienes por necedad,

que se recate vna dama
de vn hombre que no conoce.
Donde queda.

Fin. Afuera aguarda.

Duq. Dile que entre.

*Sale Octauia vestida de hombre de ca-
mino con botas, y espuelas, Nuño
con fieltro, y botazas, y
Marcelo.*

Oct. Plegue a Dios,
que destas fingidas cartas,
surta el efecto que espero.

Mar. A quien te conoce y trata,
le pareceràs lo que eres,
aunque el traje te disfraça,
a quien no tan hombre ofreces,
bizarra presencia Octauia,
como se ha visto en las Villas,
y tierra por donde passas.

Nu. La inclinacion de las hembras
de l s ventas, y posadas;
ha sido cosa de locos;
cierta pelirubia dama
me daua a mi de ribete
quatro doblones de España;
y aquella noche sin duda,
que tu lugar ocupara,
si se pudiera encubrir
la presumpcion de la barba.

Fin. Bien podeis llegar señores,
que aqui esta el Duque, y su her-

Oct. Excelentissimo Duque, (mana
y vos hermosa Madama,
dad los pies a vn Cauallero,
que a la sombra desta casa,
viene a tener por sagrado
de cierta honrosa desgracia,
que vn Principe de la sangre,
desde que nace; obligada
la tiene a fauorecer
a los que della se amparan.
Yo soy, Duque de Alanson,
pe.

pero mejor estas cartas
os diràn quien soy por mi.
Duq. De quien.
Oñ. Del Rey de Nauarra.

Duq. En viendo vuestra persona,
no es la carta necessaria:
dezid quien sois, y tambien
de vuestro intento la causa:

Oñ. Illustrissimo Duque, y vos diuina
　Leonor, por quien naturaleza goza
　el nombre de pintura peregrina:
　yo soy el Conde Enrique de Mendoça.
　Apenas cinco lustros, la cortina
　del Sol corriò su esplendida carroça,
　desde el primero de mis años dia,
　quando ya la fortuna me seguia.
　La embidia siempre graue, en hombres graue,
　pusome a mi por blanco de sus flechas,
　como suele el concurso de las aues,
　pajaro que de noche canta endechas.
　Ni estan seguras por el mar las naues,
　ni torres altas de diamantes hechas,
　a los rayos que Iupiter destina,
　ni de la embidia, la virtud diuina.
　Era del vulgo popular bien visto,
　y de las damas con aplauso incierto,
　vnas dexo de amar, otras conquisto;
　y sin ageno agrauio me diuierto:
　En siendo por sus meritos bien quisto
　vn Cauallero, estè seguro, y cierto
　que ha de perder la patria, ò verse tarde
　libre de la opinion de ser cobarde.
　Si a la plaça, tal vez galan salia,
　tal dicha con los toros me aguardaua,
　que donde el hierro del rejon ponia,
　la ceruiz arrugada reclinaua.
　Si sacaua la espada, y la esgrimia,
　de tal manera el cuello le cortaua,
　que passando los filos con destreza,
　lleuaua entre las manos la cabeça.
　Si a la celada en justa echè los laços
　de muchas lanças, vino de vna sola
　descalabrar el ayre los pedaços,
　rompidas en el oro de la gola,
　que desarmar el peto, y guardabraços,
　era como bolar vna amapola,

el çierço en trigo, o el arroyo ayrado,
lamer la yerua hasta la arena al prado.
tal vez que por los montes de Nauarra,
oyendo de los perros el estruendo,
por el romero, y cardena piçarra,
iba el cerdoso jauali huyendo,
ò a pie con el venablo la bizarra
persona a la palestra disponiendo,
le esperaua con animo valiente,
o con el pardo plomo en poluo ardiente.
Amaua en este tiempo vna señora,
sangre de los Veamontes, de hermosura
tan sin igual, que el Sol Xauiel la adora,
por Laura en nombre, y como Dafnes dura,
desta don Iuan Abarca se enamora,
clara sangre de Rey, sin parte obscura,
de dia, y a mis ojos la pretendè,
y de noche las rexas me defiende,
amante finalmente, y importuno;
hablalla solicita, y passealla:
hablaron las espadas, y ninguno,
hablò con Laura, aunque intentaua hablalla,
assi dos toros quando vence el vno,
huyendo el otro la campal batalla,
dexa en la selua con mugidos roncos,
los espumosos zelos en los troncos.
Sali galan a la carrera vn dia,
en vn ruzio de color, pintada
de tal suerte la piel, que parecia
sayal de capa de pastor neuada:
tan natural del ayre en que corria,
sin que deuiesse al açicate nada;
que como andaua siempre por el viento,
con razon le llamaron pensamiento.
Don Iuan al mismo passo, y bizarria,
la bella Laura en vn balcon miraua,
que el clauel de la boca guarnecia,
con otra natural que la embidiaua:
en fin como a don Iuan aborrecia,
arrojòmela al tiempo que passaua;
quedando el alma a su fauor tan loca,
que pensè que eran partes de su boca.
Mas para que dilato vanamente

D

el fin de amor, y zelos tan injustos,
pues sobre este claue l necio, y valiente,
vengò en palabras tales sus disgustos.
Discreto el Rey y la ocasion presente,
componiendo las armas no los gustos,
nos hizo amigos; pero mal contento,
don Iuan puso en matarme el pensamiento.
Esto intentò de noche; pero en vano,
que en la calle de Laura quedò muerto:
disculpandome el Rey porque fue llano
que yo guarde la fee de su concierto:
y assi ayrado con el, conmigo humano,
por sossegar el Reyno, que es lo cierto,
con estas cartas Duque a vos me embia,
esta es la historia, y la desdicha mia.

Duq. Yo quedo bien informado
Conde de vuestro valor,
y de nueuo os doy mis braços.
Ott. Mi amparo, y sagrado sea.
Du. No fue mucho que la patria
os trataße con rigor,
que no ser acepto en ella
fueron palabras de Dios.
No leo del Rey la carta
Enrique, hasta daros oy,
como aposento en mi casa,
lugar en el coraçon.
Ott. Mil vezes la mano os beso.
Du. El cargo a mi hermana doy
para que muestre que es mia,
en seruiros como yo.
Leo. A sigrado aueis venido,
que el Duque en toda ocasion,
como en el cuerpo Frances,

es en el alma Español:
no hazemos mucho en seruiros
sin carta del Rey, por vos,
que vuestros merecimientos
son dignos de mas fauor.
Ott. Es imposible Madama,
que de tanta obligacion,
aun puedan salir las obras,
por quien vuestro esclauo soy:
quanto mas daros respuesta,
que palabras no es razon,
que salgan a la fiança:
y assi tengo por mejor,
que os dè el alma con silencio
deuida satisfacion:
vos seais en mis desdichas,
como fortuna mayor,
el norte, que el puerto guie,
mi estraña nauegacion.

Sale Fabricio.

Fab. Aqui el Embaxador de España, aguarda
licencia para verte.
Ott. Si algun hombre
de España me acobarda,
es esse Cauallero, cuyo nombre,
quanto mas su persona me dà miedo.

Du. Porque siendo Español?

Oct. Porque no puedo
tener de quien guardarme justamente,
con mas razon:
que es de don Iuan pariente.

Du. Pesame porque el Duque es nuestro amigo,
mas bien podeis aqui viuir secreto,
que solo vos de vos sereis testigo.

Oct. Esse fauor me aueis de hazer.

Du. Prometo
de no dezir al Conde cosa alguna
de vuestra aduersa, ò prospera fortuna.
Yo voy hablalle.

Oct. Y yo de agradecido,
la mano genorosa Duque os pido. *Vase el Duque.*

Leo. Tambien a mi me ha pesado,
que vuestro amigo no sea
el Embaxador de España;
porque de su gentileza,
estamos el Duque, y yo,
pagados de tal manera,
que el parentesco mayor
entre los dos se concierta:
Y si quereis que le hablemos,
para que el os fauorezca;
yo sè que lo harà por mi.

Oct. No me conuiene que sepa,
que estoy en Francia, Madama,
y admirome de que tenga
tanto atreuimiento el Conde,
que siendo quien sois, pretenda
casarse con vos, estando
casado en Nauarra.

Leo. Oy llega
essa nueua a mis oìdos,
no sè yo como pueda
y ser verdad.

Oct. Pluguiera a Dios
Madama, que no lo fuera.
Doña Octauia de Nauarra,
de sus Condestables deuda,
es su muger, y mi hermana,

si bien solo estauan hechas,
las diligencias que pide
para su efecto la Iglesia:
pero no podrà casarse,
porq̃ ha de cumplir por fuerça,
sino palabras, infames
firmas, y escrituras hechas,
sobre que se dize allà,
que empeñado el honor queda
de nuestra casa, y de muchas,
que nuestro apellido heredan:
Esto os digo en confiança,
para que estando secreta
la causa, mudeis de intento.

Leo. Segura en mi pecho queda,
y tan grande obligacion
es justo que os agradezca;
porque confiesso que amor,
sobre tan seguras prendas,
como casarme con el,
hallo del alma la puerta,
tan rendida, que se pudo
entrar a viuir en ella:
mas yo le echarè tan presto,
que salga con mas violencia,
que paxarillo, que rota
la jaula en el ayre buela:

D₂   Oct.

ò rayo èn la tempeſtad,
ò por el viento cometa;
que parece que veloz,
adonde acaba comiença.
Venid, no ſea que el Duque
mi hermano, ſi acaſo pienſa,
que ya no eſtamos aqui,
con el a eſta ſala venga:
y fiad de que eſte auiſo
mi voluntad agradezca,
en lo que vereis deſpues,
ſea vengança, o guſto ſea.

Oſt. Yo cumpli la obligacion
de Cauallero.

Leo. Finea,
apoſenta eſſos criados.

Entranſe Leonor, y Octauia.

Fin. Hidalgos, conmigo vengan.

Nuñ. Que lindo apoſentador;
menos hermoſa apoſenta
la Aurora al Sol.

Fin. O Eſpañol,
no me ha viſto, y me requiebra.

Nu. Somos por allà muy tiernos,
aunque a la vſança Franceſa,
no aya por allà Madamas,
que con las maſcaras negras,
imprimen roſas en barbas,
cuya paz el alma eleua
en los extaſis de almiuar;
que la voluntad deſpiertan:

Verdad es que ay vnos mantos,
que dexando deſcubierta
ſola vna ceja, y vn ojo,
no ay tal armada eſcopeta
que tantas almas derribe;
y mas juntando con ella
el aparato de olor,
la gracia de la chinela,
el çapato, ò el chapin,
que qualquiera coſa deſtas
haze vna caſa de locos,
que ſe ſuelen ir tras ella,
por donde quiera que paſſa.

Fin. Deſpacio me darás quenta
de eſſas coſas Eſpañol;
ven agora adonde ſepas
el apoſento en que viuas,
como en la cama en q̃ duermas,
que yo te marco por hombre,
que con tan poca verguença
querràs paſſarte a la mia.

Nu. Deme en que eſtèn las maletas,
y ſi mereciere amor,
ten por excelente mezcla
la de Frances, y Eſpañola,
ù de Eſpañol, y Franceſa:
que en dos juntas voluntades,
aunque en Naciones diuerſas,
es la vitoria la boca,
y confundenſe las lenguas.

IORNADA SEGVNDA.

Sale el Conde, y Mendoça.

Con. Al cabo de tantos dias,
eſſo reſponde Leonor.

Men. Siempre mueren de rigor
enamoradas porfias:

Con. Como puedo yo dexar
de ſeruirla, ſi la adoro.

Men. Con algun cortès decoro,
puedes tibiamente hablar,
que la mas firme muger,
ſi tanta fineza mira,
ò ſe deſcuida, o retira,
que es arte, y ciencia el querer,
no ſe oluidaron los Sabios

de

de hazer eſcuelas de amor.

*Co.*Si,mas fuera mucho error
dar por finezas agrauios.

*Men.*Dile el papel a Finea,
porque no me dexò entrar;
de què pude ſoſpechar,
que deſpedirte deſea;
porque otras vezes entrè
con la Franceſa ilaneça,
ſin recatar ſu belleza
los intentos de la fee,
donde en cabello a quien deue,
ſus riços al Sol, la via,
ſiruiendo de zeloſia
a mil pedaços de nieue:
y alargandole con riſa,
de vn clauel puro,y ſutil,
a dos lunas de marfil,
daua lugar la camiſa.
Mas agora en el eſtrado,
ſeñor,tocada,y veſtida,
le manda que me deſpida,
y buelua el papel cerrado.

*Con.*No te dixo la ocaſion
de tanto rigor Finea?

Men. Que ocaſion quieres que ſea,
ſino propia condicion.

Con. No Mendoça,ya lo entiendo,
quando el Principe,me hablo,
preſumir pudiera yo
el daño que eſtoy ſintiendo:
ella por el me ha dexado,
ofendiendo ſu valor,
ſin que la obligue mi amor,
ni el caſamiento tratado.
Si por ſu calle paſſe o,
como otras vezes ſolia,
que daua la celoſia
franco paſo a mi deſeo:
agora para ſeñal
de aborrecerme,deſuerte,
la cierra,que al golpe fuerte
tiembla de miedo el criſtal.

mal pueſta en mi nacimiento,
me formè fuerça con Marte,
tengo de Venus la parte,
aunque es planeta ſangriento,
Mira tu lo que en Eſpaña
por Octauia padeci,
y como tambien aqui
en Francia me deſengaña,
la ingratitud de Leonor.

Sale Nuño.

Hablando los dos eſtàn,
con que lugar me daràn
para penſarlo mejor:
quiere Octauia, que ſaliendo
por Paris, q̃ encuentre al Cõde,
para ver lo que reſpond e,
a lo que vamos fingiendo
no sè el fin que han de tener
tan deſeſperados zelos;
porque ya me dàn rezelos,
que en nueſtro daño ha de ſer,
por vengança,ò por amor,
que ya por amor ſerà,
penſando que es hombre eſtà
enamorada Leonor.
No ha ſalido el Sol flamante,
quando viene a viſitar,
Octauia,ſin dar lugar
a que ſe viſta,y leuante.
Cuidado;y deſvelo al fin,
de ver en ſu cara hermoſa,
como ſe enciende la roſa,
como ſe nieua el jazmin.
Y ella en tanto que ſe viſte,
diſcrèta,como traidora,
con lo poſsible enamora,
y lo impoſsible reſiſte.
Mas que no podrà encender,
fingiendo amor,y aficion,
con acciones de varon,
hermoſura de muger.
Y a me han viſto,harè que paſſo.

Con.

Con. No es aquel hombre Español?
Men. Mas claro que el mismo Sol,
 se vè en el ayre del passo.
Co. Ha hidalgo?
Nuñ. Quien en mi lengua,
 me ha llamado, y conocido.
Con. Españoles como vos.
Nu. Conde, y señor.
Con. Nuño amigo;
 eres tu, que no lo creo.
Nu. Perdona el no auerte visto,
 aunque supe que aqui estauas;
 que como recien venido
 tuue mil cosas que hazer;
 y es notable laberinto
 esta Ciudad entre quantas
 cubre el cefiro çafiro.
 Es Mendoça?
Men. No me vès.
Nu. Con alma, y braços te brindo.
Men. El alma, y braços te beuo,
 Nuño con el amor mismo
 a la salud.
Nu. Ten la copa,
 y di de Octauia, que ha sido
 gran rigor no preguntar
 por ella.
Con. Su ingrato estilo
 no merece mas memoria.
Nu. Nunca fue ingrata contigo,
 que mugeres de valor
 vsan del graue artificio,
 hasta que les dà licencia
 aquel sagrado aforismo,
 de quereis a don Fulano
 por vuestro esposo, y marido,
 que auia de hazer Octauia,
 despues de ponerte a tiro
 la caça, si en vn jardin
 estàs mas elado, y tiuio;
 que el marmol de aquella fuēte,
 de tu necedad testigo,
 salieronte a dàrte baya

por los candidos resquicios
del alua del Sol los rayos,
y las aues de sus nidos,
y tu como labrador
para la boda vestido,
aguardando que te diesse
la desposada vn pellizco:
te quexas de su crueldad,
costandole mil suspiros
tu ausencia,
Con. Ya es tarde Nuño,
 que el ausencia causa oluido.
 Tiene el Duque de Alanson
 vna hermana, vn basilisco
 de las almas por los ojos,
 tiene vna joya, vn Cupido
 de diamantes, vna Venus,
 en cuyo raro edificio,
 gastò la naturaleza,
 quanto pudo, y quanto quiso;
 porque quiso lo que pudo
 como instrumento diuino,
 hasta quedar su riqueza
 empeñada por mil siglos,
 esta con manos de nieue
 de mi alma el fuego viuo
 con que me abrasaua Octauia,
 oluidò, templò, deshizo
 de las cenizas el Fenix,
 ò no Fenix puro, y limpio.
 Produze el Sol con esmaltes
 nueuos en pluma ser riços:
 y assi del amor passado,
 sobre los aromas Indios,
 el Sol de Leonor produze
 este paxaro Fenicio.
 Esta quiero esta contemplo,
 esta adoro, y esta siruo,
 desta soy Embaxador,
 si ay Embaxador cautiuo.
 Con ella tratè casarme,
 y estando el si concedido,
 no sè que fuerça de Estrellas,
        nue-

nueuo amor,nueuos disignios
la obligan a despreciarme,
y esto con tanto desvio,
que oy me ha buelto este papel,
que entre mil que ha recibido,
buelue cerrado a dezir,
que se quedo como niño;
que por no salir a luz,
se fue para siempre al Limbo.
Pero como me oluidaua
de saber a que has venido?
*Nu.*A vender vnos diamantes
de la estrecheza testigos
a que hã llegado estos tiempos.
*Con.*Assi por Francia se ha dicho.
*Nu.*Ricos de cabello estamos,
pobres de dinero,y trigo.
*Con.*Tan estrechos tiempos corrẽ?
*Nu.*Tanto,que se ha enflaquezido
el lagarto de Santiago,
buelta la espada en cuchillo,
de cada lado le falta
vn dedo;pues si te digo
à la inuencion que han llegado
los hurtos de los oficios,
serà prouocarte a risa.
*Con.*Aora bien,vete conmigo,
para que sepas mi casa,
y aunque no tienes delitos,
te sirua de Embaxador.
*Nu.*Iustamente me retiro,

por hombrẽ que fia en suegros,
y cuidados enemigos:
ò solo dichoso Adan
casado en el Paraiso,
sin cuñado, con muger,
y sin abuelo con hijos:
ha valiente muger Eua,
que ni zelos,ni bestidos,
pidio jamas.
*Con.*Calla Nuño,
mira que dellas nacimos.

Vanse.

Sale el Duque, y Leonor.

*Leo.*Tan mudado de semblante
V.Excelencia conmigo,
de tan injusto castigo
està la culpa ignorante:
ay diferencia entre amores;
y zelos,que sus desvelos
declara amor,y los zelos,
tienen algo de traidores,
querer encubrir enojos,
no es noble naturaleza,
quando escriue la tristeza
el sentimiento en los ojos,
para que me tiene en calma,
si me dan los ojos señas,
como ventanas pequeñas,
por donde se asoma el alma.

*Duq.*Puesto Leonor,que yo propuesto auia,
de no te declarar mi sentimiento,
auiendole entendido,no séria
justo el silencio,si el remedio intento,
con peso igual la noche ayer tenia,
el Imperio del mundo al sueño atento,
ni daua resplandor Estrella alguna,
ni embuelta en sombras la menguada Luna,
quando viniendo a nuestra casa veo,
dos hombres rebocados en la esquina,
y otro en las rexas baxas,que el deseo
D4

entre los yerros a la quadra inclina.
Yo conociendo, que amoroso empleo,
a ofensa de mi amor le desatina;
parto àzia el, y apenas el me aduierte,
quando engañado, me habla desta suerte.
Rodulfo, este Rodulfo es vna ayuda
de Camara del Rey, dize Finea,
ay de mi honor, que està Leonor difunta,
y que ya no es possible que la veas,
no de otra suerte la color me muda;
que quien alguna flor cortar desea,
y al estender la mano se la muerde,
oculto el aspid en el tronco verde;
no era menos que el Principe de Francia,
quien por Rodulfo a mi Leonor me tuuo:
mas quando ya de mi menos distancia,
y mas rezelo del engaño, estuuo
corrido de su barbara ignorancia,
ni vn instante en la calle se detuuo;
fuesse con los demas, y yo turbado,
passè la voz al coraçon elado.
Mal he dormido, por pensar que con esto,
remedio hallarè yo contra vn amante
tan poderoso, y a mi ofensa puesto;
colérico en sus gustos, y arrogante.
No quiero que me dès disculpa desto,
sino atajar el daño que adelante
puedo temer, mirando en el sujeto
de vn Rey, su libertad, y mi respeto.
Alborotar mi casa no es cordura;
sacarte de Paris, es desacierto,
que intentarà vengarse por ventura,
y en mi ausencia intentar vn desconcierto;
pareceme la cosa mas segura
casarte, y abreuiar qualquier concierto;
y mas Leonor, si con tu gusto hallasse,
vn hombre que de Francia te lleuasse.

Leo. Aunque no me dàs licencia,
de que pueda disculparme,
de tu ofensa, y de la mia,
puedo Arnaldo assegurarte,
con que so y hermana tuya,

que es información bastante,
a Carlos no faltaria,
persona que le engañasse,
de las que en tu casa tienes.
Duq. Por tu vida que no hables

Leo

Leonor en fatisfaciones,
fino folo en que te cafes.

Leo. Yo prefumo, que efta priefa,
deue de fer por cafarte,
y hechas a Carlos la culpa.

Du. Yo te fuplico que trates
de remediar efta fuerça,
y dexar de difculparte:
yo he penfado que te mira,
fino es que tambien me engañe,
el Embaxador de Efpaña.

Leo. Con el prefumi cafarme,
pero fupe que en Nauarra,
tiene obligaciones tales
a cierta dama Beamonte,
que es fuerça que alla fe cafe,
efte Conde don Enrique,
efte Mendoça.

Duq. No paffes
adelante, porque yo
le tengo aficion notable,
y con razon, porque en Francia,
Italia, Alemania, y Flandes,
nunca he vifto Cauallero,
de tan excelentes partes.
Dime verdad, ha te dado
alguna ocafion de amarle.

Leo. Si ha dado, pues ya llegamos
Arnaldo a tratar verdades.

Du. Y que te parece a ti
de fu entendimiento, y talle
callas, y baxas los ojos,
bafta, con ellos hablafte.
El Rey te abona en fus cartas,
y baftaua tener fangre
de Nauarra, y de Beamonte,
tu puedes Leonor hablalle,
que fi refponde a tu gufto,
fin que vn hora fe dilate,
fera tu efpofo, y defpues,
Carlos te firua, y fe canfe,
porq̃ en fiendo de otro dueño,
los hermanos, y los padres

falen de la obligacion.

(Salen Octauia, y Nuño.

Oct. Aunque de mi le tratafte
no moftrò mas fentimiento?

Nu. Quieres tu que yo te engañe,
perdido eftà por Leonor,
queria que me quedaffe
con el, pero yo le dixe,
que hafta vender los diamantes
no podia, mas que prefto
bolueria a vifitarle.

Oct. Por efta Cruz Nuño amigo,
que fi fupieffe tragarme
las brafas, de Porcia tengo
de hazer pedaços la imagen
defte malnacido amor,
que contra las naturales
leyes naciò de los zelos.

Nu. Como pudieras vengarte
mejor, pues Leonor te adora,
y le aborrece.

Oct. Es baftante
vengança, pero quifiera,
y no es poffible obligarle
al amor que me tenia.

Nu. Para que fi en viendo amarte
le auias de aborrecer,
que no pienfo que es mudable
como tu la mar, ni el viento.

Du. Yo me voy porque lo trates
con el, q̃ alli viene Enrique. *Vafe.*

Leo. El cielo Arnaldo te guarde.
Enrique.

Oct. Señora mia.

Leo. Es de manera el contento
de mi loco penfamiento,
que fin prologos querria
dezirte de mi alegria
la caufa.

Oct. Efte mifmo fin,
fobre el quadro de jazmin
del roftro pintais claueles,

con

con los alegres pinceles,
que baña el rostro carmin:
Assi se vàn mis sentidos
siguiendo vuestra hermosura,
como el alma hermosa, y pura
dexan las aues sus nidos:
y en los arboles vestidos
de diferentes colores,
cantan zelos a fauores.
Assi yo Leonor querria
a la luz de vuestro dia
cantar historias de amores.
Passà mi loco deseo
con vos la noche, y sin mi,
quanto alegre porque os vi,
tan triste porque no os veo;
siempre el pensamiento empleo
mirando dulze Leonor;
con ser mi amor el mayor,
como pueda amaros mas:
pero luego buelue atras,
porque no halla mas amor,
busco todos los amores:
y en viendolos desconfio,
que igualados con el mio:
todos los hallo menores,
quisiera amores mayores
para amar vuestro valor;
con ser el mio el mayor,
mirad que estraño pesar,
que amor me venga a faltar,
de puro sobrarme amor.
Leo. Ya son Enrique escusados,
requiebros encarecidos,
verdaderos, y sentidos,
son los mejores cuidados:
los dos estamos casados,
el Duque lo quiere ansi,
a quien la palabra di,
y que esta noche ha de ser,
que tanto os quiere querer,
porque lo aprende de mi:
mirad que dicha la mia,

que oy se viene a concertar,
y mañana me ha de hallar
en vuestros braços el dia:
tan hermoso el Cielo os cria
para quien esposo os llama,
que si por dicha en la cama
alguien nos entrasse a ver,
aun no podrà conocer,
qual de los dos es la dama.
De que os suspendeis?
Off. Oì
en essa quadra rumor.
Leo. Si viene el Embaxador,
voy hazer q̃ no entre aqui. *Vase.*
Off. Ay Nuño yo me perdi.
Nu. Apenas hablarte acierto.
Off. Yo estoy sin alma.
Nu. Y yo muerto,
gran peligro, cosa estraña!
Off. Nunca viniera de España
para tanto desconcierto,
ò zelos que aueis querido
traerme a desdicha igual.
Nu. Es defecto natural,
que no puede ser suplido:
el Filosofo ha mentido,
que a ser verdad su opinion,
tan junta imaginacion
hazer esse, lo pudiera,
y de muger te boluiera,
fuerte, y robusto varon:
Suele vn diestro Agricultor
ingerir en vn serual,
vn mançano, ò vn peral;
y dar aquel año flor:
o si huuiera algun Dotor
para engertos deste nombre,
pero tal intento assombre,
que cierto pudiera ser,
lleue el diablo la muger,
que no se boluiera en hombre.
Off. Si boluerlas hombres quieres,
cessarà el mundo.

*Nuñ.*No harà,
   pues algunos hombres ya
   se van boluiendo mugeres;
   pero no te defefperes,
   que aurà remedio.
*Oct.*Aufentarme;
   po rque efperar a cafarme,
   ferà verme en grande aprieto.
*Nuñ.*El Duque.
*Oct.*Por fu refpeto
   quiero callar, y matarme.

Entra Leonor.

*Leo.*Retirate por tu vida,
   Enrique amigo a tu quadra,
   que quierè el Embaxador,
   que le oyga aqui dos palabras.
   Y fi por fer tu muger,
   aze los te he dado caufa,
   tuya es la cafa, y las puertas,
   mira, efcucha, aguarda, y guarda
*Oct.*No te puedo refponder;
   pero harè lo que me mandas.
*Nuñ.*Has de ver al Conde.
*Oct.*Ay cielos,
   que harè; que me cuefta el alma.

Sale el Conde.

*Con.*Puedo hablarte a folas.
*Leo.*Puedes.
*Con.*Aqui tratafte, Madama,
   conmigo tu cafamiento;
   en cuya fee mi efperança,
   efte papel te efcriuia,
   que menos cortès, que ingrata,
   con la mifma nema, y fello
   me le buelues a la cara:
   tan prefto Carlos te obliga
   à tan eftraña mudança,
   no es mejor para marido
   vn Embaxador de Efpaña,
   que para galan vn Rey.
*Leo.*Mira Conde como hablas,

ni sè que Carlos me quiera,
   ni vna palabra le hablàra;
   fi auiendo heredado el Reyno,
   me hiziera Reyna de Francia;
   por lo que el papel te he buelto,
   es porque ya eftoy cafada,
   y ceffan galanterias;
   luego que ceffa el fer dama:
   no le rafguè por fer tuyo,
   y efcrito en mi confiança;
   porque quien rafga vn papel,
   tambien el refpeto rafga,
   que papeles, y retratos:
   tanto à los dueños trasladan,
   que el retrato tiene el cuerpo,
   y la letra tiene el alma:
   no le abri por no leerle;
   fabiendo que me obligaua
   à refponderte; y no puede
   quien tie ne dueño que agrauia.
   Con efto veràs que eftoy
   de tu quexa difculpada,
   y que efta fatisfacion,
   pues eres difcreto, bafta.
*Con.*Cafada Leonor tan prefto,
   no pudieras obligada
   de mi amor, dezir al Duque,
   que con el Conde lo eftauas,
   que yo sè de fu amiftad,
   que por nadie me trocàra,
   como el Principe no fuera.
*Leo.*No es effa Conde la caufa;
   pues me obligas à dezirla,
   fino el faber que en Nauarra
   tienes muger.
*Con.*Yo muger.
*Leo.*Alomenos, empeñada
   la voluntad para ferlo;
   y efto lo sè de vna carta,
   que à mi hermano le han efcrito.
*Con.*Toda la difculpa es falfa;
   pero fi ya no ay remedio,
   y como dizes te cafas;

di.

dime si quiera con quien
para saber si me iguala.
Que titulo en Francia tiene.

Leo. No es Francès.

Con. Pues como trata
sacarte de Francia el Duque.

Leo. Porque tiene amor à Eſpaña
del tiempo que eſtuuo en ella,
y alli quedò concertada
con el que ha de ſer mi eſpoſo
la junta de nueſtra caſa.

Con. Eſpañol te ha merecido,
y no ſoy yo, coſa eſtraña,
hazme vn fauor.

Leo. Que fauor.

Con. Dezirme como ſe llama.

Leo. Aunque penſaua encubrirlo,
pues ſe ha de ſaber mañana,
quiero que lo ſepas oy.

Con. Quien mereciò dicha tanta?

Leo. Es mi eſpoſo, el Còde Enrique
de Mendoça.

Con. No repara
Caſtilla en los apellidos,
ſolo el titulo ſe llaman,
no llaman Giron, à Oſuna,
aunque es nombre de ſu caſa,
Mendoça, al del Infantado,
ni Toledo, al Duque de Alua,
no juzgan al de Sidonia,
ni ſolo Manrique y Lara,
al de Najara y Maqueda,
Cordoua al Conde de Cabra,
al gran Almirante, Enriquez,
ni Zuñiga, al de Miranda,
ni Velaſco, al Condeſtable,
porque los titulos baſtan.

Leo. No sè que titulo tenga,
sè que de la roja eſpada
de Santiago, es el Conde,
que con eſta roja marca,
prueba ſu nobleza el pecho,
que con ella le retratan,

Con. Luego ſu retrato has viſto?

Leo. Y le tengo, mas ay cauſas
por donde verle no puedes,
pues en eſtando caſada,
retrato, y original
veràs, Conde en eſta ſala.

Con. Conde Enrique de Mendoça,
no sè por Dios que le aya
en Caſtilla.

Leo. Anſi es verdad,
pues agora viue en Francia.

Con. En Francia?
todo es fingido.

Leo. Como fingido, ſi paſſa
deſſa noche tu deſdicha,
podrà mas que mi eſperança?

Con. Que tan apriſſa me pierdes,
que tan apriſſa me matas,
que tan preſto tienes dueño,
que aun no sè con quien te caſas,
ingrata pliegue à los cielos,
ya que eſtoy deſengañado,
que los zelos que me has dado,
pagues en los miſmos zelos,
tantas penas, y deſvelos,
te reſulten engañada,
tantas de verte burlada,
tantas de verte ofendida,
que llores arrepentida,
primero que eſtès caſada,
y plégue al cielo cruel,
que aquella noche tu dueño,
ſea teſoro de ſueño,
porque deſpiertes ſin èl,
quanto penſaſte que en el
para tu contento auia,
quanto verdad parecia,
y en ſu perſona te ofrezca,
ſe te huyga, y deſvanezca
al primer albor del dia,
eſſe tu Conde, ò quien es,
ſea en tus braços vn Sol,
que te amanezca Eſpañol,

y te

y te anochezca Frances.
Finalmente, quando estès,
de que es tu esposo mas cierta,
y de que es engaño inciertas,
y le tengas a tu lado,
de puro frio, y elado,
en muger se te combierta. *Vase.*

Sale Nuño.

Nu. Aguardaua a que se fuesse
este necio Durandarte,
para que lugar de hablarte,
Madama Leonor me des.
Leo. Tienes algo que dezirme?
Nu. Darte el parabien señora,
del casamiento que agora
queda concertado, y firme.
Gozes mil años amen,
sin genero de mudança,
la gloria de tu esperança,
y la possession tambien.
Leo. Ya presumo, que codicias
las albricias.
Nu. Que mayores
que de tus hermosas flores,
ser vn ramillete albricias.
Leo. Este diamante es mejor,
que esse requiebro es de amante,
y mas te importa el diamante,
que hazer lisonja a tu amor.
Nu. O bien aya la colmena,
donde la aueja nacio,
que del romero cogio
la flor azul de olor llena,
de que se hizo la miel,
de quien la cera salio,
con que el hilo se encerò,
para que despues con el
cosiesse, aunque parte poca,
la suela que no se vè,
del çaparo de tu pie,
adonde pongo la boca.
Leo. Muy Español has andado,

y porque me has parecido
discreto, di que has sentido
del casamiento tratado.
Nu. Si te digo la verdad,
no hablando como el seruir,
donde se suele dezir,
con mucha dificultad:
que por el Conde imagino
lo que tu honor participa,
que el no es Mendoça de Nipa,
sino terciopelo fino:
pero como es tan mancebo,
y pareces belicosa,
ha de ser Leonor hermosa,
en tales batallas nueuo.
Allà en España tenia
algunas aficionadas,
de su hermosura obligadas,
discrecion, y bizarria:
pero descontentas todas,
no se yo si algun defecto,
ay en Enrique secreto,
para negocios de bodas,
nueua de tanta lindeza,
tuue yo satisfacion,
y los diuorcios que son,
por querella de flaqueza:
adquieren la vanidad,
antes que el pleito se vea,
si tu amor verdad desea:
yo te he dicho la verdad,
vigote negro assegura
la deuida perfeccion,
para las mugeres son
la lindeza, y la hermosura,
para todos los sentidos,
lo perfeto es lo mejor,
que a vezes resulta error,
de no examinar maridos.
Leo. Pues que examen he de hazer
al Conde?
Nu. Si he de esplicallo,
tu al Conde, peor es vrgallo,

por.

porque no te ha de entender.
Leo. Yo voy hablar a mi hermano.
Vaf.
Nuñ. O que bien se negociò,
que fuere Leon sintio
lança de Moro Africano,
como esta nueua Leonor.
O ingenio quanto aprouechas.

Sale el Principe y el Duque.
Prin. En este punto me hablò,
no sè el intento que tenga

el Embaxador de España;
y por remediar su quexa,
a vuestra casa he venido.
Duq. No se yo de que se pueda
quexar el Embaxador.
Nu. Pareceme cosa nueua
venir el Principe aqui;
voy hazer que se preuenga
para qualquiera sucesso
Octauia, que ya desea
salir de Paris con bien;
y boluerse a España intèta. *Vase.*

Prin. Dixome el Español, que concertado
estaua de casar con vuestra hermana,
y entre los dos tratado,
por cosa cierta, y llana;
y que vos estoruando el casamiento,
aueis hecho vn notable fingimiento.
Por ventura Leonor amenazada,
pues dize que por vos està casada
con cierto Conde Enrique de Mendoça,
que allà en España goza
este titulo graue,
siendo todo ficcion, porque no sabe
que aya tal hombre en ella;
y que vn hombre como el no se atropella,
con tanta libertad, a lo que viene,
sabeis la obligacion en que me tiene,
si el Mendoça es fingido,
que la verdad me confesseis os pido.
Duq. Espereme vn instante vuestra Alteza,
que no viue muy lexos desta casa,
yerà si finjo yo su gentileza,
que de secreto passa
agora en su carroça
el Conde don Enrique de Mendoça. *Vase.*
Prin. Aunque del Español las partes hago,
mas por las mias, la verdad intento,
para ver si deshago
la inuencion deste necio casamiento,
y desde que entendio mi pensamiento,
aquella noche el Duque y a su puerta,

le dixe inaduertido, y deslumbrado,
mi voluntad, mi intento, y mi cuydado,
tanto vn loco deseo desconcierta.
El Duque temeroso
de mi amor, en vn pecho poderoso,
finge que la ha casado, y si es mentira,
prouocando la ira
del amor, y el deseo,
proseguirè mi empleo
tan libre y descubierto,
que venga à ser concierto, el desconcierto.

Salen el Duque, Octauia, y Nuño.
Oct. Vuestra Alteza me dè los pies.
Duq. Agora
vuestra Alteza verà si ha sido engaño.
Prin. Leonor con justa causa se enamora,
y de zelos me abrasa el desengaño,
mucho me alegra Conde el conoceros?
Oct. No fuy señor à veros
quando llegnè à Paris, porque he venido
de mi patria Nauarra, à Francia huyendo,
y me importa esconderme solamente
del Conde Embaxador, porque es pariente
de vn Cauallero, que allà dexo muerto,
y si lo sabe, mi peligro es cierto,
matele cuerpo a cuerpo en desafio,
obligado señor del amor mio,
por esta roja Cruz que traygo al pecho,
y el Duque està de todo satisfecho
por cartas de mi Rey.
Prin. Blueluo a deziros,
que me alegro de veros, y lo creo.
Oct. Y yo señor de amaros, y seruiros.
Prin. Porque sepais, que vuestro bien deseo,
quiero hazeros amigo con el Conde.
Oct. Aunque a valor de Principe responde:
no me conuiene agora,
yo auisarè despues a vuestra Alteza,
porque el Embaxador quiere a Leonor,
perdido a lo Español por la belleza,
y querria primero estar casado,
con esto pues los pies os he besado.

me bueluo con secreto.

Prin. Que cortès, que galan, y que discreto.

Oct. Di Nuño, que me lleguen la carroça.

Duq. Cree ya vuestra Alteza,
que ay Conde don Enrique de Mendoça.

Nuñ. Con braua discrecion, y gentileza
al Principe has hablado.

Oct. Todo es possible, y no quedar casado. *Vanse.*

Prin. Duque, todo lo creo;
y solamente dado à mi deseo
entre estos Españoles, porque es justo;
y porque tendreis gusto
de ver con libertad vuestro cuñado.
Harè las amistades.

Duq. Al Imperio sagrado;
y si huuiera mayores Magestades,
llegues señor, y desde el Indio al Moro,
el lirio azul en anaglifos de oro.

Entra el Conde, y Mendoça.

Con. Que harè Mendoça amigo
en tanta desventura,
pues solo de mi mal erestestigo.

Me. Diuertirte, señor, desta locura,
probar en otra a remediar tu da-

Con. Ay de mi loco engaño, (ño.
pues à mayor castigo se condena
el preso que se ya con la cadena.

Duq. Aqui esta el Conde.

Prin. Por dicha
aguardaua el desengaño,
adonde, amigo Español?

Con. Vengo à besaros la mano
con dos cartas de Castilla,
de la vna ha de pesaros,
porque està la Infanta enferma.

Prin. Que tiene.

Con. Ciertos desmayos,
no sè si de vuestro amor,

Pri. La nueua quiero pagaros,
con otra tan mala.

Con. Como,
porque es impossible, caso

que lo pueda ser de vos.

Prin. Oy al Conde su cuñado,
que vos tuuisteis por burla,
me ha mostrado el Duq Arnaldo

Con. Vos le visteis.

Prin. Yo le he visto,
y es de los hombres gallardos,
que hizo naturaleza
entre sus raros milagros.
El cabello à la Española,
lindo rostro, pies, y manos,
ayroso de cuerpo, y brio;
gentilhombre, y muy bizarro,
dos colores en el rostro,
de vn rubi, tan viuo y claro,
que parece que hizo dellas
el Abito de Santiago.
Aun no del primero boço,
tiene ofendidos los labios,
con que en alguna manera
le ofende lo afeminado;
yo os juro, que si con èl
algun amoroso caso
me hiziera competidor,

con c
on. Com
porque a.

qué

que yo le dexàra el campo.
Con. Basta señor, yo lo creo.
Prin. Yo no he menester jurarlo;
pero por vida del Rey,
que es Cauallero bizarro.
Duq. No le dize vuestra Alteza
lo que tratado dexamos.
Prin. Assi, no se me acordaua,
dexamos Conde tratado
hazeros con el amigo,
porque por ciertos agrauios,
dize que matò en España
vn Cauallero Nauarro
cercano pariente vuestro.
Con. Si es don Carlos mi cuñado
Conde de Lesia por Dios,
que puede andar con recato,
que le quitarè mil vidas.
Du. No hareis, porq̃ yo le guardo,
y me le ha embiado el Rey,
y debaxo de mi amparo
ninguno puede ofendelle.
Con. Frances.

Du. Español.
Prin. Estando
en mi presencia, què es esto,
harè que os prendan a entràbos.
Con. Yo soy del Rey de Castilla
Embaxador, lo que trato
merece por si respeto;
pero desto no me valgo,
Conde soy de Riuadeo,
soy Sarmiento,
y Villandrando.
Du. Yo soy Duque de Alanson,
arrogante Castellano,
y Principe de la Sangre.
Con. Si la tienes, yo la saco. Vase
Du. Irè tras el.
Prin. Deteneos.
Du. Hanle de valer hablando
las leyes de Embaxador?
Prin. Venid conmigo.
Du. Tu mano
beso, y respeto. (grauio.
Prin. Presente yo, no puede auer a-

IORNADA TERCERA.

Sale el Duque de Alanson, y Mendoça.

Men. Esto me manda que os diga.
Du. Dezid señor Español,
que estarè rogando al Sol
que su carrera prosiga
tan velozmente, que creo,
que si me puede escuchar,
presto se echarà en la mar,
para cumplir mi deseo;
y a la noche en que me auisa,
que no aguarde a las Eestrellas,
porque saliendo sin ellas
pueda venir mas apriessa,

aunque salga de estocada.
Men. Como quien sois respondeis,
el puesto ya le sabeis,
las armas, capa, y espada.
Du. Irà el pecho como deue
con armas de su valor,
que es la defensa mejor.
Que hora?
Men. En dando las nueue.
Du. El relox aguardarè,
el, y yo tan puntuales,
que èl me dè a mi señales,
y yo el tiempo en que las dè.
Men. Solo ireis.

E   Du.

*Du.*Ha rèlo anſi,
tanto porque no ſe quexe,
que yo a mi miſmo me dexe,
porque no me ayude ami,
lo que vos de mi os aduierto,
que ha de ir alla el todo no,
que ſi fuera todo yo,
antes de irle huuiera muerto.
*Men.*Aqui los conciertos ceſen;
pero ſi os quedais acà,
baſta que yo vaya alla,
para dezir que le entierren.
*Du.*no os burleis, porq os aduierto
que ſi de eſta ſuerte hablais,
puede ſer que muerto vais
a dezir que el Conde es muerto.
*Men.*Que Franceſa bizarria, *Vaſe.*
que Eſpañola reſpueſta,
eſto es honor, eſto cueſta;
ya ſe và muriendo el dia,
y eſpira en ſu falda el Sol,
que enluta el alto zafir,
para enſeñar a morir
al arrogante Eſpañol:
peſame por la amiſtad
que ſiempre los he tenido,
de que eſta cauſa aya ſido
de mudar de voluntad;
voy a mejorar de eſpada.

Sale Leonor.

*Leo.*Donde hermano?
*Con.*Voy Leonor
à Palacio.
*Leo.*Y yo ſeñor
hablarte deſengañada
de lo que te dixe oy,
acerca del Conde Enrique.
*Du.*Pues ſino ay que te replique
a mudar de trage voy,
para rondar a Madama. *Vaſe.*
*Leo.*Mudado và de color,

no parece aquel furor
dulze afecto de quien ama.

Sale Octauia, y Nuño.

*Oct.*Notable enojo me diſte.
*Nu.*No pudieras eſcuſarte.
de caſarte ù de auſentarte;
y todo lo remediè,
con dezir, que me burlaua;
porque ya Leonor mudaua
de intento dandome fee.
*Oct.*Si, porque no huuiera dama
que amara con tal defecto.
*Leo.*Eſtos hablan en ſecreto.
*Nu.*Quedo que eſtà alli Madama.
*Oct.*Tanta ſoledad Leonor.
*Leo.*Fueſſe mi hermano de aqui,
triſte eſtoy de que le vi
Conde mudado el color.
*Oct.*Andan eſtos deſafios.
tan publicos en Paris;
que no ſin cauſa ſentis,
vueſtro cuidado, y los mios;
mal aya el Embaxador,
que a eſtoruar mi caſamiento
con eſte ſu necio intento,
y ſu mal fundado amor:
por el a noche perdi
vueſtros braços, y deſuerte
eſtoy por el, que la muerte
fuera mejor para mi:
deſde Nauarra me ha ſido
tan contrario, y tan cruel,
que eſtoy en Francia por le
deſengañado, y perdido:
y en el cuidado que eſtoy
tantos impoſſibles veo,
que huyo lo que deſeo,
y yano ſoy lo que ſoy:
y vengo a eſtar demanera,
por huir, y por temer,
que es fuerça dexar de ſer,
para ſer lo que antes era.

Leo.

*Lee.*del Principe,y de mi hermano
   estais amparado aqui,
   que teneis.
*Oct.*Que ayer perdi
   por el vuestra hermosa mano:
   y perdida la ocasion,
   podrà ser que no os caseis
   conmigo.
*Leo.*En vano temeis
   si conoceis mi aficiou,
   dilatarse el casamiento
   puede ser,dexar ser no.

       Sale Finea.
*Fin.*Siempre me dizes que yo
   malas nueuas darte intento:
   esta puede ser engaño;
   pero dezilla no escuso:
   el Duque triste,y confuso,
   señal es de oculto daño:
   el Español alazan
   ha hecho ensillar tan presto,
   q̃ èl propio el freno le ha puesto
   y le ha sacado al çaguan;

y a vn lacayo le ha mandado,
   que le lleue con secreto
   tras el.
*Leo.*Que mas claro efecto
   de que le han desafiado;
   no escusais noble Mendoça
   de seguirle,y ver lo que es.
*Oct.*Alas quisiera en los pies,
   tanto el caso me alboroça,
   y me importa de los dos
   la vida,que estoy temiendo.
*Leo.*Es justo,pero aduirtiendo
   que no aueis de reñir vos.

     Vanse Leonor,y Finea.
*Oct.*Si se ofrece,perdonad,
   ven Nuño.
*Nu.*Pues has de huir
   si se ofreciere reñir.
*Oct.*Que graciosa necedad,
   mataré con arrogancia
   a toda Paris yo sola,
   que de muger Española,
   aun no ha de alabarse Francia.
                Vase

      Sale el Conde,y Mendoza.
*Men.*Con gran valor me respondio arrogante.
*Con.*El Duque de Alanson es Cauallero
   que no aurà desafio que le espante,
   si fuera de Roldan,ù de Rojero.
*Men.*Muerto dize que estàs.
*Con.*Creerlo quiero,
   pero no por su espada,por su hermana,
   que en la campaña de jazmin y grana,
   me ha muerto con las armas celestiales,
   de vnos serenos ojos,
   espadas de rigor de mis enojos,
   conjuncion de perlas,y corales.
*Men.*Muy tierno estàs para enemigo fuerte.
*Con.*Siempre he visto pintado
   el carro del amor sobre la muerte,
   preso a Virgilio,à Hercules atado
   a los dorados rayos de las ruedas.

                   E2   *Eni*

Entra el Duque.

Du. Ten el cauallo entre essas alamedas,
   que me ha de lleuar viuo el Conde muerto,
   ò me ha de lleuar muerto el Conde viuo,
   que a tales dos estremos me apercibo.

Entra Octauia, y Nuño.

Oct. No vi en mi vida tan obscura noche.
Nu. Viuda està del Sol, y enluta el coche.
Oct. No se como han de verse las espadas.
Nu. Dos hachas le podràn pedir prestadas
   a tanta luz de Estrellas, y Planetas,
   ò al ayre que se vista de cometas.
Oct. Para gentiles fiestas, y saraos.
Nu. Al principio del mundo viene el caos.
Con. Retirate Mendoça, que ha venido
   el Duque.
Du. En el oido
   me ha tocado vna voz, este es el Conde,
   quien và
Con. Quien lo pregunta.
Du. Quien responde,
   con la espada en la mano.
Con. Solo vengo,
   y sola la que veis desnuda tengo."

Principe, y criados lleguen por la parte del Duque, y Octauia, y Nuño por la del Conde.

Prin. Estos son, llegad apriessa.
Cri. 1. Detenganse Caualleros.
Con. Gente, Duque esso es traicion.
Prin. El Principe soy, teneos.
Duq. Bien se vè que no le truxe,
   vos si, pues al lado vuestro
   teneis dos hombres.
Con. No sè
   quien son los dos.
Oct. Yo confiesso,
   que con tanta obscuridad,
   y la priessa del deseo,
errè vuestro lado Duque,
que aunque venis en secreto,
desde vuestra casa aqui
vengo el cauallo siguiendo,
porque soy el Conde Enrique,
y viue el Cielo q mièto, *Aparte.*
que me puso amor al lado
del Conde de Riuadeo.
Prin. Los dos estais disculpados,
el Conde, porque fue yerro
de Enrique estar a su lado,
pues que vino solo al puesto,
y el Duque, porque soy yo
el que a despartiros vengo
auisado de vna dama,
q en fin de entrãbos me quexo,
                              pues

pues lo que passó en Palacio,
no puede obligar a duelo,
que ha de proceder agrauios
para tener fundamento;
y quando le huuiera auido,
queda llano, y satisfecho,
sacando aqui las espadas,
como buenos Caualleros:
y assi pues aduitrio soy,
Principe, y juez supremo,
daos las manos, y los braços.
Du. Yo señor os obedezco,
como vassallo leal.
Con. Yo me humillo, y sujeto
a vuestra obediencia, y gusto.
Du. Pues esta es mi mano, y estos
mis braços.
Con. Yo con la mia,
y con ellos os prometo,
segura paz, y amistad;
y porque siempre me precio
de agradecido, mirando
(si bien la causa no entiendo)
a mi lado al Conde Enrique,
por lo que le deuo en esto,
seré su amigo tambien,
perdonando al muerto deudo,
como no sea don Carlos
mi cuñado.
Oct. Yo me ofrezco
hazeros pleito omenage,
que no es don Carlos el muerto.
Con. Pues con esso os doy la mano,
y huelgo de conoceros;
y pues la noche os encubre,
y sumamente deseo
veros el rostro, mañana
me dà licencia de veros.
Oct. Esta es mi mano, y creed,
que soy muy amigo vuestro.
Con. Quiero apretaros la mano,
porque entendais que no quedo
con enojo.

Oct. No apreteis.
Con. Español, y sois tan tierno,
no es de soldado esta mano.
Oct. No estàn en los fuertes huessos
las almas.
Con. Pues donde estàn?
Oct. En el animo del pecho,
en la honra, y el valor,
que en su verdadero centro,
no era robusto Dauid,
y blanco, y rubio, sabe mos
que matò vn monte con almas
pero soltadme que pienso,
que me pretendeis qui tar
la mano, porque la tengo
de dar mañana a Leonor.
Con. Bien pudiera ser lo cierto,
porque como es de papel,
escriuo en ella mis zelos.
Oct. Mejor en la vuestra yo,
si han de ser pluma los dedos.
Con. Dadme los braços tambien.
Pri. Mucho Españoles, me huelgo
de vuestra amistad.
Con. Por ella,
mill vezes los pies os beso.
Prin. Los dos cuñados, venid
conmigo.
Du. Viuen los cielos,
que el Español me ha vendido,
dexò por la patria el deudo.
Oct. Ay Nuño, que te parece.
Nu. Que voy señora temiendo
que te ha conocido el Conde.
Oct. Antes lo contrario creo,
por lo que tiene oluidados
los passados pensamientos.

Vanse todos, y queda el Conde,
Mendoça.

Con. Quieres Mendoça saber
lo que puede la memoria
de alguna passada historia,

E 3   que

qué nunca dexò de ser,
que me parecio muger!
este Conde en sus acciones.
Men. Aora en esso te pones,
todos los enamorados
traen del alma engañados,
semejantes ilusiones:
si anoche por ti no fuera
con el estaua casada
Leonor.
Con. Mano regalada.
Men. Pues ha de ser de madera
la de vn señor.
Con. Oye, espera.
Men. Vn señor no ha de cabar,
blanda, y no dura ha de ser,
porque lo que ha de tener
se le pueda resbalar:
de duras manos me guarde
Dios.
Con. Pues blandas las procuras,
Porque?
Men. Porque en siendo duras
no es la blandura cobarde.
Con. Assi me lo dio a sentir,
que vn robusto puede huir,
y vn flaco puede esperar;
pero diome que pensar,
y yo le di que dezir;
y aunque mis dudas deshazen,
que en hombres ay gentilezas,
distintas naturalezas,
distintos efectos hazen;
con tal diferencia nacen,
que es diferente el calor:
y si Leonor por amor
al Conde los braços fia,
traer su aliento podia
al que respira Leonor.
Men. Hazerla saludadora,
ha sido locura nueua
de amor.
Con. Bien claro se prueua

si me aborrecè, y le adorà,
en los reynos de la Aurora,
ay gente de su color,
que se sustentan de olor,
como yo me sustentara,
si tray el Conde en la cara
con jazmines de Leonor.
Men. Mientras tu amor desatina,
aunque estar loco te salua,
la blanca Estrella del Alua
sumiller de su cortina:
parece vna clauellina
de diamantes.
Con. Y su apellido,
que de Venus siempre ha sido,
con Marte trueca el rigor,
pues es la madre de amor,
y no me ha fauorecido.

Vanse, y salen el Duque, y Leonor.
Leo. Ya vuestra Excelencia sabe,
que soy la misma obediencia.
Du. Ya entras por Excelencia,
a lo mesurado, y graue.
Leo. De lo graue no te espantes.
Du. No Leonor, ya entiendo el caso
que quieres, si yo te caso
con quien te casauas antes:
no te parece Leonor.
que es mejor para marido,
vn titulo conocido,
y de vn Rey Embaxador.
Leo. Y no aduiertes que casada
ayer con Enrique estoy,
y quieres hazerme oy
el Angel de la embaxada,
eres tercero de amor,
perdona que assi te aplique,
pues me traes del Conde Enrique
al señor Embaxador.
Dime de vna vez adonde,
pues al Conde me quitaste,
quando a Enrique me passaste,
y ago-

y agora me bueluo al Conde,
que bien pudieras tener
lo que tu amor merecia,
que no es cuerdo el que se fia
de la mas cuerda muger.

Du. Si te digo la ocasion,
no quedaràs satisfecha,

Leo. Adonde ay de que aprouecha
principios de possession.

Du. Que es principios.

Leo. Si marido
a Enrique llamè por ti,
la libertad que le di,
no mia, tu culpa ha sido.

Du. Esso me declara mas.

Leo. Tomarme vna mano es poco.

Du. A que risa me preuoco,
pienso que burlando estàs.

Leo. No todo se ha de dezir.

Du. Pues por donde al honor toca

Leo. No ay en las mugeres boca.

Du. Otra vez me hazes reir,
no se pone el honor luto,
por niñerias de amores,
que poco importan las flores,
como se este quedo el fruto:
ningun prinçipio en la mesa,
passa plaça de vianda,
haz lo que mi amor te manda,
aunque pienso que te pesa.

Leo. No me diràs la ocasion,
porque con tal nouedad
descansa mi voluntad
de su primera aficion,

Du. A noche en el desafio
del Embaxador, y yo,
el de Mendoça salio,
tu esposo, y cuñado mio:
y apenas saquè la espada,
quando a su lado le vi,
con la suya contra mi,
traicion tan mal disculpada,
que le dio a la obscuridad

de aquella noche la culpa.

Leo. Y no puede ser disculpa.

Du. Como puede ser verdad,
si Enrique vino tras mi:
mira tu si es justo, o no,
que aquien la espada saco
en el campo contra mi,
por mas que por hierro sea,
le dè a mi hermana.

Leo. Yo sè,
que en tu fauor le embiè,
y que seruirte desea.

Du. Esso no ha de ser Leonor,
a llamar al Conde embiè.

Leo. Haràs otro desafio,
pues le quitas el honor,
a Enrique, en el testimonio
de que te quiso matar,
y en la burla de tratar
tan presto otro matrimonio,

Du. Sea lo que fuere, yo
estoy ya determinado,
que no ha de ser mi cuñado
vn hombre que me vendio:
apercibite, que el Conde,
ya te vendrà a dar la mano. *Vase*

Leo. Mas ha tirano, que a hermano
esta crueldad corresponde.

Sale Octauia, y Nuño.

Nu. Esto imaginaua quando
del Conde al lado te vi.

Oct. Todo lo que passà oi,
todo lo estuue escuchando,
cegòme el amor del Conde,
sola su vida mirè.

Nu. Habla a Leonor.

Oct. Tanta fee
a tal lealtad corresponde,
Madama, lo que ha passado
justamente os entristeze,
y a mi del Duque me ofrece,

E4 oca:

ocasion de mas cuidado,
la palabra me ha quebrado,
haziendo injusta baxeza,
agradezco la fineza
con que le aueis respondido,
que igual, y conforme ha sido
a vuestra heroyca nobleza:
forma vna quexa de mi,
en que yo no estoy culpado,
pues de la noche engañado
a ninguno conoci,
y pues con esso le di
entera satisfacion:
no tiene el Duque razon,
que auer declarada luz,
por la espada desta Cruz,
que no le hiziera traicion,
por Español no era empresa,
que por serlo me obligò,
ni ya soy Español yo,
que tengo el alma Francesa,
y aunque serlo no me pesa,
lo de Frances me desalma,
esta es mi esfera, y mi palma,
desde que vine a Paris:
dezidlo vos, que viuis,
por alma, dentro del alma:
lo cierto es, que ha querido
con este falso color,
daros al Embaxador,
sabiendo que os ha querido:
ò a Carlos aurà tenido
que disculpa voluntades:
lisonjear magestades,
porque gusto de los Reyes,
como deshaze las leyes,
puede romper amistades:
pero mire bien su intento,
lo que intenta, que por vida
del Rey de Castilla, impida
Francia, o no, mi casamiento,
que con justo casamiento,
y no me burlo por Dios,

que he de matar a los dos,
al Conde, porque no os goze,
y al Duque, porque conoce
que soy mas digno de vos:
del estoy mas agrauiado,
el es el que me agrauiò,
porque soy tan bueno yo,
como el, y mejor soldado:
por la edad me ha despreciado
mas si el labio no me vaña,
el boço mucho se engaña,
que siempre es hombre mayor,
quien nacio con el valor
de los Mendoças de España:
esto tengo de sufrir, viue Dios.
Leo. Tened la espada,
no os apreteis el sombrero,
ni descompongais la capa,
mirad que me disteis miedo.
Oct. Es vna zelosa rabia,
quinta essencia de locura,
perdon ad Leonor del alma,
que quieren sacaros della,
y por essas luzes claras,
que hiziera Estrellas el Cielo,
a tener de Estrellas falta,
que ni el Principe, ni el Duque,
ni Francia ni el mundo bastan.
Nu. Tiene el Conde, y mi señor,
mucha razon, sus hazañas
son en Castilla prodigios,
y protentos en Nauarra:
pero yo hallara vn remedio
para escusar sangre, y armas,
puesto que es algo dificil.
Leo. Que dificultad no allana
tan grande amor como el mio,
dile Nuño que si alcança
a ser possible, aqui estoy,
que muger, y enamorada,
en llegando a estar resuelta,
todas las fieras del Assia,
todas las sierpes de Liria,

mas,

mas la imitan, que la igualan.

*Nu.*Quando venga el Conde aqui
llega el oido,y tu aguarda,
mientras le hablo en secreto.

*Oct.*A que tiempo necia Octauia
zelos,y amor te han traido:
si el Conde don Iuan se casa,
bueno quedarà tu honor,
que ilustre serà tu fama.

*Nu.*Ya esta dicho.

*Oct.*Pues tan presto.

*Leo.*Ruido siento en la sala. (visto.

*Nu.*El Conde ha entrado , y te ha

*Oct.*Boluerèle las espaldas.

Vanse,y entra el Conde, y Mendoça.

*Men.*Viste al Conde.

*Con.*Ya le vi,
y luego que vio que entraua,
huyò por no verme;y tengo
desde la noche passada,
vn pensamiento tan necio,
y vna locura tan clara,

que si te la digo, crèo
que la dàs por confirmada,
y que te burlas de mi.

*Men.*Que temes con tantas saluas.

*Con.*Auranse en el mundo visto,
mugeres que disfraçadas,
ayan hecho estrañas cosas:
quien duda que han sido tantas,
que han ocupado los libros,
y de la fama las alas:
Este Conde don Enrique
me parece,que es Octauia,
en el habla aquella noche,
y en la cara esta mañana.

*Men.*Aguardaràs que te diga,
que es locura , y no me espanta,
sino que dudarlo puedas,
mas si de locura passa,
partamos los dos la culpa,
que puede ser que cansada
naturaleza,aya hecho
moldes para hazer las caras,
habla a Leonor,que se mira
triste,enojada,y turbada.

*Con.*En fin Leonor aunque lo aueis negado,
aueis venido a ser señora mia,
como estaua primero concertado,
y mi lealtad,y fee lo merecia:
ya sois esposa del Duque mi cuñado,
el Principe padrino:y este dia
os llamarà Paris la Embaxadora,
como suele del Sol candida Aurora:
pero en tan alto bien me descompones,
que miraros alegre no merezca,
que si la luz de vuestro Sol se pone,
que importa que en mis ojos amanezca:

*Leo.*Señor vuestra Excelencia me perdone,
de que con tantas penas me entristezca,
que bien conozco yo lo que merece.

*Con.*Pues que es lo que os aflige,y entristeze.

*Leo.*Casome el Duque con el Conde Enrique,
y agora buelue atras arrepentido.

Con. Si vos me dais licenci a que replique,
muchas vezes vereis que ha sucedido,
quando exemplos de Principes aplique,
mil casamientos os dirè que han sido,
desconcertados, con estar firmados,
por no estar en el cielo confirmados.
Leo. Esso es quando sin daño de la honra
puede boluer atras vn casamiento;
mas si queda la dama con deshonra,
solicitarla es baxo pensamiento:
que bien el Duque mis intentos honra,
siendo culpado en darme atreuimiento,
con meter en mi casa, y con el nombre,
de mi marido vn hombre gentilhombre:
yo pude errar en esta confiança,
y desta falta ya dos faltas tengo;
mirad como se puede hazer Mendoça,
de possession, que a confesaros vengo,
estos no son fauores de esperança:
con que hasta el fin la engaño, y entretengo;
no he perdido mi honor, pues le he perdido
con quien me dio mi hermano por marido.

Vase.

Con. Que te parece Mendoça,
no parece mucho a Octauia
este Conde Enrique.
Men. Estoy,
qual suele quedar sin alma,
hombre que de noche vio
subitamente fantasma:
las que nosotros traemos
de las cosas de Nauarra,
nos aparecen visiones,
y los sentidos engañan.
Con. Con que libertad lo dixo.
Men. Peor fuera que callara,
y que lleuaras muger,
con vna sobra, y dos faltas.
Con. Esto por Dios la agradezco,
que segun las cosas andan,
cumpliera con siete meses,
los dos que por mi faltaran.
O quanto ay desto en el mundo,

pero ya que fue liuiana
su señoria, le deuo
desengañar mi ignorancia.
Mucha culpa tuuo el Duque,
metiendome vn hombre en casa
a titulo de marido,
pudo hazer qualquier desgracia
de la proxima ocasion
està muy poco distancia,
qualquier peligro de amor,
que andan juntos cuerpo, y alma:
poca paciencia de nouia,
aunque discreta, y gallarda,
pues quiso lleuar al Cura
las noches anticipadas,
por escusar el melindre
del si, donde muchas callan:
bien aya tal diligencia.
Men. Segun el arte, y la cara
deste Conde, viue Dios,

qué

qͤ en la cama lo dudàra,   *Men.* El Duque ha entrado ēn la sala
hal de las dos fue la nobia.   *Con.* Con el Principe viene.
m. Si Madama està preñada,   *Men.* Con que despacio te casan,
Mendoça peor es vrgallo.

Salen el Principe, el Duque, y criados.

Prin. Aueisme hecho singular seruicio,
   honrando al Conde, Embaxador de España.
Duq. Mi obligacion, señor, me desengaña,
   que este de mi lealtad, es proprio oficio
   honrad la casa donde os han seruido,
   quantos leales dueños ha tenido
   en guerra, y paz con armas y consejo,
   hasta las canas de mi padre viejo,
   que de laurel ceñidas,
   honraron con su muerte nuestras vidas.
Con. Puede auer confusion, Mendoça amigo,
   como esta de oy; el cielo me es testigo,
   que diera por no auer en Francia entrado,
   quanto vale mi Estado,
   si he dado la palabra de casarme,
   como podrè con ellos disculparme;
   pues casarme no es justo,
   sostituyendo infame ageno gusto.
Duq. Aqui està el Conde.
Prin. Amor le aurà traido,
   anticipando el gusto preuenido,
   señor Embaxador aueis traido
   à Madama Leonor del casamiento,
   la nueua tan galan, como marido?
   que albricias os ha dado.
Con. Que puedo responder, que estoy turbado;
   no siendo el desposado deste quento,
   que al Conde don Enrique,
   quiere que àquesta hazaña se le aplique.
Prin. Callais, por no dezirnos los fauores.
Con. Mandad venir, señor, la desposada,
   que antes ha dado el fruto, que las flores,
   que tierra fertil, presto fue labrada.
Duq. Leonor, mi hermana viene.
Prin. Que Magestad en la presencia tiene.

Entra Leonor, y quien la acompañe.

Leo. Vuestra Alteza, señor, en nuestra casa,

que

que el Sol su esfera en esta sala tengo,

Prin. Que mucho que el Sol venga,
si el Aurora se cala.

Duq. Si entre ellos està el dia,
serè yo noche, y la ventura mia.

Con. Que estaràn consultando.

Men. Preguntarte
Si à Madama Leonor quieres por dueño.

Con. Esso Mendoça es sueño,
que estar callando es arte;
porque estoy satisfecho,
de que no ha de quererme.

Men. Ni lo esperes.

Con. Que presto les dirà todo su pecho.

Prin. Don Iuan.

Con. Señor.

Prin. Parece que os ha dado
pena el mudar estado,
dad la mano a Leonor, y vos Madama
dadle la vuestra, pues el Conde os ama.

Leo. A vuestra Alteza suplico,
inuictissimo Señor,
assi las Francesas armas
de vuestro blanco pendon,
siembren las flores azules,
adonde no llega el Sol,
y de la Infanta de España
os dè Dios tal sucession,
que sean laurel del mundo,
la flor de Lis, y el Leon;
que esto sea, si es possible,
sin ofensa de mi honor,
y del Conde don Enrique,
aquel gallardo Español,
con quien se trataua ayer,
lo que por enojos os.

Pri. Llamad à Enrique, y vos Côde
no tengais à sinrazon,
que esto se acabe de suerte,
que quedeis en paz los dos.

Con. Yo señor esso deseo,
aunque primero me dio

à mi la mano; esto es
boluer con propio valor
por la honra de Madama,
hasta llegar la ocasion.

Entra Octauia, y Nuño.

Oct. Ya Christianissimo Carlos,
descubierto, y libre estoy
à vuestros pies.

Prin. Conde Enrique,
aunque de aquella question
resultaron amistades;
no fueron con el rigor,
que era justo, ni la causa
distintamente se vio;
que aunq̃ el Conde D. Iuan tuuo
primero, que vos accion
à la mano desta dama:
propone la vuestra vos,
que con grande cortesia
se rinde el Embaxador,
para que sea de quien

su gusto hiziere eleccion.

Oct. Puesto que el Conde don Iuan
sus fauores mereciò
antes que Leonor me viesse,
que despues me tuuo amor,
no es justo que la pretenda.

Con. Porque si primero soy,
ay ley en todo el Derecho
que quite la antelacion.

Oct. Podeis vos siendo casado,
casaros con otra?

Con. No, pues yo donde?

Oct. En España.

Con. Con quien?

Oct. Conmigo.

Con. Con vos.

Prin. El ha perdido el juizio.

Oct. De que la mano me dio
ay dos testigos aqui,
que Nuño, y Marcelo son.

Nu. Yo lo vi con estos ojos.

Mar. Yo lo mismo.

Con. Quien sois?

Oct. Doña Octauia de Nauarra.

Leo. Doña que.

Prin. Tal inuencion
vna dama pudo hazer
de vuestro heroyco valor.

Du. Parece que es impossible,
pues con tanta perfeccion,
imitò lo que no era.

Con. Quien tanto me aborreciò.
se puso en este peligro.

Oct. Mas pueden zelos, que amor.

Con. Madama, saber quisiera
como entre las dos passò

aquello que me dixiste.

Leo. Seguro està vuestro honor,
que dos arboles sin fruto,
que importa que lleuen flor.

Nu. El diablo son las mugeres,
si se empreñan sin varon,
y es fina Philosofia,
no se quien se la enseñò,
que todo quanto ay criado
engendra el hombre, y el Sol.

Leo. Dame los braços Octauia,
que aunque esto ha sido traicion,
el amor que os he tenido,
serà siempre el mismo amor.

Oct. Yo os he pagado el q os deuo.

Nu. Si, pero no le pagò
en la moneda corriente.

Con. La mano señora os doy,
y al Principe le suplico
nos apadrine.

Prin. Los dos
sois Duques de Monpensier.

Nu. Y a mi el correo mayor
destas bodas que me dàn.

Oct. Mientras à vestir me voy,
con reuerencia de hombre,
Senado os pido perdon:
querida no quise bien,
quise bien quien me oluido,
busquèle como aueis visto;
porque en nuestra condicion
el diablo son las mugeres.
Y que tenga fin dichoso
la dama Comendador,
sino ha mentido el Poeta,
Mas pueden Zelos, que Amor.

FIN.

ENGAÑAR CON LA VERDAD.

COMEDIA

FAMOSA

DE GERONIMO DE LA FVENTE.

Perſonas que hablan en ella.

El Duque Carlos.	*La Duqueſa Maria de Vrbino.*
Fisberto Cauallero.	*Leopoldo Rey de Napoles.*
Tomas criado del Duque.	*Roberto Cauallero.*
Criado 1. del Duque.	*Iſabel a dama.*
Otro criado del Duque.	*Criado del Rey.*

*Salen Fisberto, el Duque Carlos de camino, Tomas, y
otros criados.*

Fiſ. Queden fruſtradas de la muerte fiera,
las duras armas, y el mortal eſtrago,
con que enſanchar ſus limites eſpera,
yeran ſus filos ſobre el viento vago :
ſuſpenda ſu rigor, pues oy pudiera,
boluer los campos enſangriento lago,
y en Napoles, Ferrara, Vrbino, Vngria,
Imperar con ſoberuia, y tirania.

Pe:

Pero cortando el hilo al fiero hado,
    porque se borre tan amarga historia,
    de igual prudencia, y fortaleza armado:
    tu Carlos vencedor lleuas la gloria;
    pues à la muerte à vn tiempo le has quitado
    de las terribles manos la vitoria,
    y al duro Marte la sangrienta espada,
    sobre inocentes cuellos leuantada.

Carl Fisberto noble, si la paz amable,
    blancas vanderas tremolando al viento,
    ha ya trocado en amistad estable
    el rigor, la vengança, y el intento
    que amenaçò tragedia lamentable;
    no por esso es menor el vencimiento,
    que à mi sè me dàrà tanta mas gloria,
    quanto es mayor sin sangre la vitoria.

Ya en distintas Prouincias retumbando
    el belico atambor, y la trompeta
    anduuo bien, si al enemigo vando,
    mi espada con partidos se sujeta;
    ya Leopoldo me ha visto entrar triunfando;
    ya mis seruicios Napoles aceta,
    y entre grandes vitorias que recibe
    del Duque, Carlos la memoria escriue.

Amplios poderes de Leopoldo tengo
    para tratar por èl en paz, o en guerra,
    lo que à su Reyno importe: y oy preuengo
    à las glorias, que Napoles encierra,
    juntar otra mayor, pues quando vengo
    con poderoso exercito; y la tierra
    pudiera humedecer con sangre y llanto,
    baxas las armas, la vitoria canto.

Oy Napoles podrà dichosamente
    ensanchar su poder, y Monarquia;
    y con nueua Corona honrar la frente
    à su Rey; pues Ferrara con Vngria
    conforme viene, aunque embidiosa siente,
    en que ya la hermosissima Maria,
    su digna esposa de Leopoldo sea,
    y Napoles por Reyna la possea.

Dezid Fisberto, pues à la Duquesa,
    como à besar sus pies he ya venido;
    y à firmar los conciertos, que esta empressa

à solo mi lealtad se ha concedido

Fisb. Vuestro valor en todo la professa,
temo que ha de enojarse: yo he salido
Carlos, no os ofendais de que os lo diga,
que la Duquesa ha sido quien me obliga.

Carl. A que os obliga, hablad, cielo piadoso.

Fisb. Despues, señor, de prometer honraros
el Estado de Vrbino generoso,
y el fauor que le hazeis remuneraros:
la Duquesa responde, que es forçoso
por justas causas escusar de hablaros.

Carl. De hablarme à mi?

Fisb. Su voluntad es esta;
y en fin remite à Claudia la respuesta.

Carl. Como à Claudia, Fisberto?

Fisb. No ha entendido
su pensamiento, hablarle disfraçada
la Duquesa pretende.

La Duquesa leyendo vna carta.

Carl. Yo he venido
à que me dè respuesta vna criada,
à Claudia està Fisberto remitido
el responderme a mi.

Fisb. Esta orden dada
tiene a Claudia, y a mi.

Carl. Poco professa.

Fisb. Claudia piensa que es, y es la Duquesa. *Vase.*

Tom. Gentil despacho.

Cri.1. Estremado.

Cri.2. Honrado recibimiento.

Tom. De Fisberto, el Parlamento
es lo que mas me ha agradado,
con la de rengo le dio,
despues de auer referido
el hazaña que ha emprendido
la vitoria, que alcanço,
ò viejo, que bien cubierta
la pildora le traia!

Carl. Pues la Duquesa Maria
le niega a Carlos la puerta,
quando a su cabeça ofrezco
de Napoles la Corona,
con mis desprecios blasona,
que hablarla yo no merezco,
viue Dios.

Tom. Passo, señor,
que no es buena ocasion esta,
oye a Claudia la respuesta,
y aconsejate mejor.

Carl. Dexadme solo.

Tom. Enojado,
y solo quieres quedarte.

Carl. Vete.

Tom. No ay que replicarte,
bien auemos negociado. *Vanse.*

Vanse, y llega la Duquesa.

Du. Ya imagino a Vueselencia
colerico, y impaciente,
que en vn soldado valiente
no halla lugar la paciencia.
Tome V. Excelencia silla.

Car. Pues no sale la Duquesa.

Du. Pide el caso menos priessa;
yo Carlos vengo a seruilla.

Car. Pues que causa.

Du. Sentaos pues,
que yo a darosla me obligo;
tomad silla, y sed conmigo
mas galan, y mas cortès;
que aunque en inferior estado,
à la muger por fauor,
la cortesia señor,
el primer lugar le ha dado.

Car. Perdone vuestra hermosura,
si humilde como es razon,
no le ofrezco ya el blason
que en las almas assegura:
que à ser galan no he venido.

Du. Aunque a serlo no vengais,
es bien que lo parezcais,
porque noble aueis nacido.

Car. Confiesso que necio anduue;
mas ya vuestra discrecion
toma la satisfacion
de la inocencia que tuue:
à vuestra clemencia aqui
hermosa Claudia me ofrezco,
por humilde la merezco,
si por necio me perdi.

Du. Despejos son de soldado,
yo os perdono, leuantad.

Car. Que encanto es este.

Sientanse.

Du. Escuchad,
pues que ya os aueis sentado.
La Duquesa mi señora,
honor y gloria de Vrbino,
no menos agradecida

que de vos seruida ha sido;
firmando las condiciones,
y acetando los partidos.
despues de daros las gracias,
me manda Duque aduertiros,
que si venis a mostrarle
los poderes, los escritos,
que vuestro Rey os ha dado
de su amor claros indicios,
que los tiene por seguros,
y que ya los dà por vistos;
porque imaginar traicion
de vn pecho noble es delito,
que sabe que el Rey os trata
como deudo, y como amigo:
y que por vos se estendieron
de Napoles los distritos;
y que si tambien quereis,
porque ha de ser su marido,
las grandezas, las vitorias,
los hechos esclarecidos,
la gala, y la gentileza,
el talle, y bizarros brios:
referirle de Leopoldo,
que os auisa que esse oficio
os ha ya hurtado la fama;
porque ella misma le ha dicho
que escriue en bronce sus glorias
opuesta siempre al oluido:
y al fin dize la Duquesa,
que a vos por meritos dignos,
como por su esposo al Rey,
os estima, por vos mismo:
pero que no ha derogado
la ley, que inuiolable hizo,
de que a Rey, ni Embaxador,
llegue a darle atento oido,
hasta que casada estè.

Ca. Que intrincado laberinto
de dudas, y de sospechas,
leyes se entienden conmigo,
que represento à su esposo,
y aqui en su nombre confirmo

F de

de antiguas enemistades,
pazes para eternos siglos.
Duque. Duque, su respuesta es esta.
Car. La resolucion admiro,
que puesto que las virtudes
con que enriquecerla quiso
el Cielo, son tan notorias,
que es vn milagro sucinto:
de todas las gracias juntas
quisiera yo ser testigo
de la dicha que a mi Rey
le aguarda auiendola visto.
Duque. Poco os deue la Duquesa,
pues auiendo ella creido
por fee vuestras alabanças,
vos incredulo, y remiso:
no dexais que la fee goze
sus atributos diuinos;
pues Carlos la fee ha de ser
la que con afectos vines
ha de conquistar las glorias
de la Duquesa de Vrbino:
por fee Leopoldo ha de amarla
sin que puedan ser testigos,
ni vos de verla presente,
ni el pincel de que ha esculpido
en estampa de lisonja
de su rostro el cristal limpio,
que aun hasta en pinceles necios
la adulacion se ha escondido.
Car. Ni verla, ni retratarla.
Duque. Cansala solo el dezillo,
porque a los retratos llama
engaños agradecidos:
y por no cansaros Carlos,
que quedan dize, aduertildo,
las pazes firmes, y enteras,
y el casamiento indeciso. *Vase.*
    Sale Tomas.
Tom. Que tenemos de respuesta;
que es lo q̃ Claudi-te ha dicho?
la verdad, ha te agradado;
han tocado a tus oidos

aquellas dulzes razones
de su ingenio peregrino?
acabemos, que me dizes,
aun duran los parasismos?
Car. Tomas, nunca se han hallado
tan confusos mis sentidos,
tan lexos de mi el consejo,
los temores tan vezinos,
tan esclaua la razon,
mi valor tan oprimido,
tan suspensa la memoria,
tan turbado el aluedrio.
Tom. Otro tan, falta.
Car. Qual es?
Tom. Tan fuera de ti el juizio,
estos tanes son de Claudia.
Car. No cabe en el pecho mio
otro amor que el de Isabela,
siempre suya el alma ha sido;
poder me ha dado Leopoldo
para casarle, el principio
temo que auemos errado.
Tom. Ansi me lo ha parecido,
acaba de declararte.
Car. El Rey me mando, y preuino,
que antes que del casamiento
diesse a la Duquesa indicios
su retrato le embiasse.
Tom. Y no lo has hecho?
Car. Ya has visto.
lo que passa, apresurando
mis zelosos desuarios
el casarle, y confiado
en lo que la fama ha dicho
de su hermosura me he puesto
en tan notorio peligro.
Tom. Bien has hecho, tu le has dado
al Rey lo que ha merecido.
Car. Como?
Tom. Porque no ay locura
que tan digna de castigo
sea como el dar poder
para casarse vn marido,

pues

pues ya si el tal poder trae
vn suegro, vn cuñado, vn tio;
y llega a darle la mano
a la triste, que ha tres siglos
que aguarda vn nouio de açucar
pienso que quedan corridos
alli, no solo la dama;
pero el Cura, y los testigos.
Car. Temo que el Rey aunq inteta
casarse (tormento esquiuo!)
ama en secreto a Isabela.
Tom. No es nada lo q me has dicho
Ca. Esto, y el no penetrar
los intentos escondidos
de la Duquesa me ofende.
Tom. Yo q escuchè quáto ha dicho
Claudia, lo he penetrado.
Car. Pues di lo que sientes.
Tom. Digo,
que en España ay dos maneras
de cuentas: vna en guarismo,
y otra en Castellano: escrita
la Castellana en distintos,
numeros, te va contando,
vno, dos, tres, quatro, cinco,
la guarisma si se adujerte
tiene los diablos consigo.
porque con vn dos, y vn tres,
dos ceros, y otros dos cincos,
monta dos cuentos, y treinta
mil cabeças de nouillos:
quinientas mil y cinquenta
arrobas de agua, y de vino.
Ay en España tambien
(perdona si soy prolixo)
dos generos de mugeres;
vnas, que por vso antiguo
han de andar siempre tapadas:
y otras por lo hermoso, y lindo,
descubiertas para todos:
aqui mis cuentas aplico,
de las descubiertas, claros
los numeros sé han leido,

que en casa del mercader
las ojean como a libros:
las tapadas, Dios nos libre,
estas salen en guarismo:
y haziendo ceros los mantos,
descubren catorze cincos,
que montan años setenta,
con setenta mil delitos;
y pues es de las tapadas,
la Duquesa, harto te he dicho.
Car. Siempre tus discursos vienen
a parar en desatinos;
lo cierto es que la Duquesa
compite con el Sol mismo
en la luz, y en la hermosura;
y que à su ingenio es deuido
por parte noble del alma,
el mas noble sacrificio:
casarase el Rey, que en esto
no solamente le siruo:
pero en la hermosa Maria
à su Reyno le adjudico,
virtudes, honras, grandezas,
y el premio de amor mas rico.
Vase.
Tom. Mal año para el poder,
cayò el Rey en el garlito:
yo lo que conozco, y veo,
quanto es mas facil lo estimo,
porque jamas me ha causado
la priuacion apetito.
Quierese ir, y le detiene la Duquesa.
Duques. Ha soldado.
Tom. A mi direis.
Duques. Sois vos de Carlos criado?
Tom. Y de quien mas se ha fiado,
de priessa estoy, que quereis.
Duques. Que cuentas eran aquellas
que estauays haziendo aqui?
Tom. Escuchasteyslo vos?
Duques. Si.
Tom. Contauamos las Estrellas.
Duques. Matematicos estremos.

F2   Es-

Estrellas contays?

To. Lo mismo
pienso que es contar guarismo,
nueuos cuidados tenemos.

Du. Y aquellas damas tapadas
à que numero han llegado?

To. Si vos lo aueis escuchado
son preguntas escusadas.

Du. Dizes bien, y en fin que dize
Carlos, de que la Duquesa
no le hablasse?

To. Aunque le pesa
de su valor, no desdize,
porque con el Sol la iguala
en belleza, y resplandor.

Du. Tiene el Duque gran valor.

To. Y amor sus flechas señala
en vos.

Du. Carlos quiere bien?

To. No lo dixe yo: no he sido
curioso en auer sabido
quien es la dama.

Du. Està bien:
y dizese si el Rey ama
à la Duquesa Maria?

To. Vaya à sabello a Turquia,
lo que escudriña esta daña,
mas me preguntas que sè.

Du. Y quando Carlos se irà?

To. Ya de partida estarà,
y yo hazer falta podrè.

Du. Como te llamas?

To. Tomas.

Du. De que nacion?

To. Español.

Du. Toma, y vete.

Dale vna sortija.

To. Como el Sol,
oro engendras, y oro das. *Vase.*

Sale Fisberto.

Du. Fisberto, dexo de ser
Claudia, y bueluome a Duquesa.

Fis. A quien como yo professa

en su seruicio ofrecèr
por vuestra Alteza la vida,
no declararse es agrauio.

Du. Ya es fuerça Fisberto Sabio
que yo consejo te pida,
que le aurè bien menester:
la transformaciõ que he hecho
nos ha de ser de prouecho
para lo que intento hazer:
aduierte que estoy dudosa,
y que no me determino,
aunque a Leopoldo me inclino
à ser Fisberto su esposa,
hasta llegar a saber
si es conueniencia de estado
el casamiento tratado;
que si la paz viene à ser,
quien los conciertos ha hecho,
y no amor, no he de casarme;
yo misma quiero informarme
de lo oculto de su pecho.

Fis. Pues que pretendes?

Du. Viuir
en su Corte, en su Palacio,
saber Fisberto despacio,
para no me arrepentir
depriessa, si amor concierta
las bodas, que si el no ha sido
quien trata deste partido
saldrà su esperança incierta:
Estoy Fisberto informada,
que adorando en otros ojos
và traçando mis enojos,
no es bien casarme engañada:
con nombre de Claudia, quiero
ver al Rey, dificultoso
es este pleito de esposo,
consultarele primero. *Vanse.*

Leopoldo diuertido, y Ruperto le
escucha a la puerta.

Leop. Pensamiento malogrado,
consuelate con mi pena,
pues el fiero amor ordena,

que

que callando mi cuidado
viua siempre atormentado
en el potro del rigor,
y que solo halle valor
para penar, y sufrir,
quando es forçoso el morir,
ò publicar el dolor.
Combatido entendimiento
abre a la razon la puerta,
que en desdicha que es tã cierta
poco importa el sufrimiento,
no conseguiràs tu intento,
si de ti mismo confias,
que ya con dobles espias,
el campo reconociendo
và el contrario descubriendo
las pequeñas fuerças mias.

Sale Ruperto.
Rup. Que batalla và formando
dentro de si vuestra Alteza,
que de su misma grandeza,
temiendo, y desconfiando,
està al enemigo dando
el vencimiento, y la gloria;
quien aflige tu memoria
con discursos de dolor,
ò quien de tu gran valor
merece alcançar vitoria.
Leop. Ruperto tu estàs aqui.
Rup. Y tan cuidadoso estoy,
que llego a conocer oy
lo poco que merecì
con tu Alteza, pues de mì,
este secreto no fias,
que aunque encubrirle porfias,
de las razones se aduierte,
que es amor quien te diuierte
con sus locas fantasias.
Leop. Engañaste, que el cuidado
de la guerra, solo ha sido,
quien aqui me ha diuertido,
que como a Carlos le he dado,

en guerra, y paz de mi Estado
sin limite ni poder;
puedo llegar a temer,
no de tu valor constante,
mas de fortuna inconstante,
que suele el curso torcer.
Rup. Si de la merced que hazes
à Carlos, claro se aduierte,
que por mas prudente, y fuerte
dèl solo te satisfazes:
quando se trata de pazes,
que tienes que recelar,
ni temer que ha de alcançar
tu suerte mudança alguna;
pues a tus pies la fortuna
rendida viene a quedar.
Leop. Ruperto la pena mia,
cautelosa, y encubierta,
con flaca mano concierta
darme muerte à sangre fria:
solo en su traicion confia
por el mando que la di,
tomar vengança de mi,
y por poderla tomar
su traicion quiere lograr,
y a solas matarme aqui.
De todos huyendo và
para encubrir su delito,
y yo tambien solicito
que nadie la alcance ya:
que como hecho el daño està
à padecer me sujeto
de mi pena el duro efecto,
sin dezir quien la causò;
porque solo el cielo, y yo
sabemos este secreto.
Rup. Pues a mi lealtad señor,
no le ha de ser manifiesta,
pena que tanto te cuesta,
siendo efectos del dolor
hazer la causa mayor
quando no se comunica.
Leop. Tu lealtad remedio aplicá,

F3   y mi

y mi pena lo rehusa;
pero ya el alma no escusa
dezir lo que amor publica:
Ruperto yo amo a Isabela,
sin que ella entienda mi amor,
y esta es la pena mayor
que me aflige, y me desvela.
Rup. Pues quitalle a la cautela
el disfraz, no es mas cordura.
Leop. No, q̃ su honor me assegura,
que no la podrè vencer;
y puesto que no ha de ser
mi esposa, serà locura,
sirue en Palacio à mi hermana,
y Eluira dentro en Palacio,
dà en mi pecho mas espacio
a esta passion inhumana.
Rup. Dificultades allana,
y como Rey.
Leop. Mi cuidado
Ruperto te he declarado,
no para que en el me dexes,
mas para que me aconsejes,
que voy en seguirle errado.
Rup. Isabela viene aqui,
y yo señor te aconsejo,
que de su vista el reflexo,
no aguardes.
Leop. Triste de mi,
que si en su luz me perdi:
y estoy por verla tan ciego;
ya es mayor desassosiego
de su vista carecer;
porque dexarla de ver;
es añadir fuego al fuego.

Sale Isabela leyendo vna carta.

Isab. Menos daño padeciera,
si como estoy de ti ausente,
de mi memoria presente,
estar ausente pudiera;
porque como siempre estàs
asida del pensamiento,

podrà matarme el tormento
si dura esta ausencia mas.

Llega el Rey, y turbase Isabela.

Leop. Cuya es la carta Isabela?
Isab. De, señor.
Leop. Proseguid pues,
leed.
Isab. De mi padre es,
en mi daño se desvela
amor.
Leop. Podrela yo ver.
Isab. Ay de mi, si vos gustais.

Dale la carta.

Leop. Quando cortes me la dais,
dexaralo yo de ser
dexandola de tomar;
mas bolvedla a recibir,
que os la he llegado a pedir
para bolverosla a dar:

Bueluesela.

que es curiosidad injusta
condenada entre discretos,
leer agenos secretos,
si el dueño dello no gusta:
y aunque licito me fuera,
no la leyera por Dios,
sino es dandomela vos,
antes que yo os la pidiera.
Isab. Si como a Rey soberano,
justo el amaros no fuera,
de justicia se os deuiera,
por galan, y cortesano.
Leop. Y porque te amo tambien,
me deuieras estimar.

Tira Ruperto al Rey de la capa

Rup. No dès gran señor lugar,
al cuidado, que no es bien;
aduierte que vas errado.
Leop. Oyes, no has de aconsejarme
quan-

quando no puedo emendarme,
y està en su centro el cuidado.
*Isab.*Ay Cielos, de Carlos era
la carta,dichosa he sido.

Sale vn criado.
*Cria.*Carlos señor ha venido.
*Leop.*Yo a recibirle saliera
para mostrarle mi amor,
si fuera licito hazerlo,
como llega a merecerlo
su lealtad,y su valor.
Ven Ruperto donde estè
mas sin ella,y mas en mi,
que estando Isabela aqui
a nadie escuchar podrè.
Vanse los dos.
*Isab.*Vino el Duque?
Cria. Aora llegò.
*Isab.*O esperanças ya cumplidas,
aunque tu no me las pidas
las albricias te doy yo.
Dale vna joya.
*Cria.*Dele amor a tu hermosura
gloria que a glorias aumente.
Vase.
*Isab.*Deme à Carlos solamente,
que esta es la mayor ventura.
Ea temores de amor,
rezelos mal aduertidos,
dad lugar a los sentidos,
ocupados del dolor:
dexad que pueda lleuaros
del gozo que siento en mi,
que viene Carlos aqui,
y hã de hablar todos conCarlos
que aunque amorosas passiones
callando se muestran bien,
es menester oy tambien
mostrarlas con las razones:
pero passados enojos
quien declarallos podrà,
que la lengua callarà,

por dar lugar à los ojos.

Entran Carlos ,y Tomas de camino.
*Tom.*Buen encuentro.
*Car.*Dicha ha sido
hallarte Isabela aqui,
y amor lo preuino ansi;
de mis penas condolido:
que el deseo ya por verte
desuerte se adelantò,
que antes que llegàra yo
pudo matarme,y perderte:
si ay mayor mal que el morir,
sin duda que es el ausencia,
que en la muerte halla clemēcia
quien penas sabe sentir:
nunca pensè que tuuiera
conmigo tanto poder,
que me llegara a vencer
sin que yo me resistiera.
Iuzgaua el ausencia yo
antes de verla la cara,
como el tiēpo, que oy declarà
lo que mañana oluidò.
Iuzgauala que podria
ser a los principios fuerte,
que tendria rostro de muerte,
y que luego amansaria:
pero ya Isabela digo,
hablando por experiencia,
que es mayor mal el ausencia,
que no es passion, ni es castigo,
que no es pena,ni es dolor,
que con el tiempo se cura,
sino vna muerte que dura,
y con el tiempo es mayor.
Digo, que es la fragua ardiente,
de sospechas,y rezelos,
donde el fuego de los zelos
esfuerça mas su accidente;
y en fin,que el verdugo es
de los tormentos de amor,
y el instrumento mayor

F4   con

con que atormenta despues:
que como en ella retrata
la dulze passada historia,
presenta viua la gloria,
y como está muerta, mata.

Isab. Carlos no he de consentir
aunque es gloria de mi amor,
que quedes tu vencedor
en el penar, y el sentir:
porque si suelen dezir,
que en la pena, y el cuidado,
la ventaja se le ha dado,
aquel que viene a quedar,
à mi se me deue dar,
porque sin alma he quedado;
y si con ella partiste
dexandome a mi sin ella,
se ha de entender que con ella
tu las penas padeciste:
desde el punto que te fuiste,
las penas que alli tenias,
no eran tuyas, sino mias,
que aunque lo niegues aqui,
mi alma que estaua en ti
sentia, y tu no sentias.

Car. No Isabela, tu argumento
mismo te ha de confundir,
porque sin alma viuir
solo es encarecimiento:
no has fundado bien tu intento,
pues quando pudiera ser
ausente el alma tener:
tu que sin ella quedauas,
à los sentidos negauas
el sentir, y el padecer:
y ansi quando estaua en mi
era para darme vida,
que mi alma agradecida
las penas le quitò alli:
yo solo las padeci,
tu Isabela no sentias,
que antes testigo serias
de verlas alli crecer,

pues me viste padecer,
con tus penas, y las mias.

Tom. Gran bachiller es amor:
ay mas penas que sentir,
este modo de dezir
nunca le imites señor;
ya no se vsa, que los gustos
con el tiempo se han mudado,
y solamente han quedado
vnos refranes injustos.

Car. Como?

Tom. Como el dezir mal
está tan introduzido,
que ya el gusto no ha comido
buen plato sin esta sal:
ya son necios los discretos,
y ya son imperfecciones
las mas fundadas razones,
los mas subidos concetos:
todo es mofa, todo es risa,
y estarà discreto todo,
si vna pulla, y otro apodo,
lo perficiona, y lo guisa.

Car. Pues dizes tu mal tambien?

Tom. Yo no, pero digo en fin,
que no auiendo vn retintin
de mal, nada suena bien:
maldicientes que rigor!
que estèn vertiendo veneno,
y que el malo ha de ser bueno,
y que le escuche el señor.

Car. Calla necio.

Tom. Que es callar,
quando sale vna comedia
con dos jornadas y media
de satiras sin parar:
y es esto tan general,
que ay ya Poetas tambien,
que porque el vitor les den,
escriuen dos vezes mal.

Car. Esse es mal por accidente.

Tom. Y que es graue mal confiesso,
que vnos enferman por esso,

y otros

y otros muere de repente.

Entra el Rey, y Ruperto.

Leop. Honrarle en publico quiero.

Rup. Es prueua de tu valor.

Leop. A los cuidados de amor
los que son de honor prefiero:
pero no se fue Isabela?

Rup. Con el Duque hablando está.

Leop. Al cuidado bueluo ya
Ruperto, que me desuela:
no puedo echarle de mi,
quien duda que sin temor
solicite su fauor,
que la sirua el Duque aqui
y que ella le estime ya,
porque puede ser su esposo:
ò Carlos tu venturoso,
mi muerte en tu dicha está.

Rup. Señor.

Leop. Que dizes.

Rup. Que aduiertas.

Leop. Ya del todo apoderado
hecho señor el cuidado
cierra a la razon las puertas,
basta llegar a temer,
sus fuerças amor limita,
y en los zelos deposita
todo el rigor, y el poder.
en verle ansi diuertido
à Carlos, ha descubierto
lo que puede amor, Ruperto.

Tom. El Rey

Car. Licencia te pido.

Isab. Yo te la doy, mas mi amor
ha de vencer.   *Vase.*

Car. Tu hermosura
es quien vence.

Tom. Que locura
de argumento, habla señor
al Rey.

Car. Toda el alma estaua
en Isabela.

Leop. El cuidado
su semblante ha declarado
con que aqui Isabela hablaua.

Rup. Sin causa temes.

Leop. No puede
ser sin causa mi temor,
porque este nueuo dolor
de alguna causa procede.

Car. Deme los pies vuestra Alteza.

*Quedase Carlos humillado, y el Rey
se aparta, y habla con
Ruperto.*

Leop. Oye, la razon aqui
està boluiendo por mi,
y dize que fue llaneza,
hablar a Isabela Carlos;
que entro, que la vio, y hablò,
y ella cortès le escuchò:
y assi no deuo culparlos;
porque el estar diuertido,
llegando à ver su hermosura,
no es culpa que antes locura
el no estarlo huuiera sido;
esto la razon me aduierte,
pero el temor, y los zelos
hazen ya con mis desuelos
otro argumento mas fuerte,
y es que Isabela escuchò
que Carlos auia llegado,
y aqui con nueuo cuidado,
le aguardò, y le recibio,
y quando verse pudieron
las almas que se aguardauan,
porque ellas callando hablruan,
las lenguas enmudecieron.

Tom. Lo que veo estoy dudando,
si es Poeta el Rey tambien,
de los que no hablan, ni ven,
consonantes và buscando.

Car. Cielos!

Tom. Que hazemos aqui,
el Rey callò, malo và.

Rup.

Rup. Mira que desluſtras ya
   ſeñor tu grandeza anſi;
   habla a Carlos que ha llegado
   a tus pies, y le tendràs
   cuidadoſo.
Leop. Mucho mas,
   por ſu ocaſion lo he yo eſtado,
   Duque bien venido ſeas.
Car. No puede ſer bien venido
   quien es tan mal recibido
   de ſu Rey.
Leop. Carlos no creas
   que dexo yo de eſtimarte;
   aduierte que no he querido
   recibirte diuertido,
   ſino aduertido eſcucharte:
   à honrarte Carlos ſali,
   y tan ſuſpenſo te hallè,
   que me apartè, y aguardè
   a que boluieſſes en ti:
   y aſſi ſi tarde en hablarte,
   fue porque otra vez aduiertas,
   que no es bien que te diuiertas,
   quando ſale vn Rey a honrarte.
   Leuanta, llega à mis braços,
   porque ſolo el diuertirte
   pudo Carlos impedirte
   eſtos honroſos abraços.
Tom. Era tiempo, peſia tal,
   que mal rato nos has dado.
Car. El no auer ſeñor llegado
   à tu preſencia Real,
   fue, porque no imaginè
   que eſtauas aqui.
Leop. Tu culpa
   mas te agraua en la diſculpa;
   pues della inferir podrè,
   que no me eſtimas auſente,
   y el vaſſallo noble es ley,
   que ha de tener a ſu Rey
   como a Dios ſiempre preſente.
Car. Eſſo ſeñor ya es dudar
   de la lealtad que ay en mi;

y es lo que os eſcucho aqui
vo aduertir, ſino culpar.
Auſente, y preſente vos,
de mi ſiempre obedecido
fuiſtes, porque os he ſeruido
no, como à Rey, como a Dios:
y aunque mi lealtad no abona
negarle a Dios lo que deuo,
mas q a vos, a Dios me atreuo,
porque ſe que me perdona.
Si el no auer antes llegado
a vueſtros pies yerro ha ſido,
ya quedo bien aduertido,
y aun quedo bien caſtigado.
Leop. Carlos, nunca yo dudè
   de tu valor, y lealtad,
   prueua de amor, y amiſtad,
   lo que te he aduertido fue.
Car. Sin eſta pena, y caſtigo,
   puede vueſtra Alteza honrarme?
Leop. Buelue otra vez à abraçarme
   yo te eſtimo como amigo,
   leuantate, y dame cuenta
   de los conciertos que has hecho
Tom. Agora es ello.
Leop. En mi pecho
   ſu fuego amor alimenta.

Sientaſe el Rey.
Car. Que confuſsion.
Rup. Tu cuidado
   publicas ſeñor a vozes.
Leop. Ay Ruperto, mal conoces.
   el eſtremo à que he llegado.
Car. Que es eſto.
Leop. Di.
Car. Vueſtra Alteza
   por cartas ha ya ſabido.
   que a la paz ſe ha reduzido
   el rigor, y la fiereza
   con que amenazaua Marte
   à tres Reynos.
Leop. Tu valor

reparò el daño mayor.

Car. Solo nò te he dado parte
del mayor bien que te he dado,
y en lo mas que te he seruido;
mas y a las albricias pido
de auerte señor casado.

Diuiertese el Rey, y habla a Ruperto.

Leop. Escucha, agora aduerti,
que aquella carta Ruperto
era de Carlos, y es cierto,
pues quando se la pedi
à Isabela se turbò.

Rup. Sutileza de amor es,
oye a Carlos, que despues
podràs.

Leop. Morir podrè yo,
prosigue.

Car. Valgame el Cielo!
que es lo que al Rey le diuierte:
Digo señor, que la suerte
mayor que diò el cielo al suelo
gozas, y que estàs casado
con la Duquesa Maria.

Leuantase el Rey.

Leop. Que dizes?

Car. Ay suerte mia!

Leop. Casado estoy.

Car. A tu estado,
tantos bienes junta amor,
q̃ podrà el mundo embidiarlos.

Leop. Espera, que dizes Carlos?

Car. Que estàs casado señor.

Leop. Pues Carlos yo te mandè
que me casases a mi?
mal aya el poder que di,
pues a morir me obliguè.

Tom. Agora estamos en esso.

Car. Señor, no por el poder
me pudiera yo atreuer

à hazer semejante excesso,
si de la merced fiado
que me has hecho no estuuiera,
y como el casarte era
tan importante a tu estado,
y siempre dèl el aumento
has confiado de mi,
que le aumentaua crei
haziendo este casamiento.

Leop. Pues Carlos, razon no fuera
que me auisaras primero.

Car. Señor.

Leop. Del concierto infiero

Car. Oye lo que passa, espera.

Leop. Disculpa me quieres dar.
Viue Dios que estos engaños
encubren mayores daños.

Tom. Salio el casamiento açar.

Rup. Tu passion has declarado.

Leop. Si me atormentan los zelos
que mucho que mis desvelos
aya a vozes confessado. *Vase.*

Tom. Profeta fuiste.

Car. Desvia
villano.

Tom. Pues tengo yo
la culpa.

Car. A quien sucedio
desdicha como la mia!
vn Rey que me supo honrar,
y à quien yo supe seruir,
ansi me ha de recibir?
ansi me ha de despreciar?
Que es esto piadoso Cielo,
el Rey de ti enagenado,
de mi el Rey desconfiado,
mayor desdicha rezelo! *Vase.*

Tom. Por Carlos conozco yo
del que a otro casa el afan,
quantos con el Rey diràn,
mal aya quien me caso.

IOR

IORNADA SEGVNDA.

Sale Leopoldo Rey, y Ruperto.

Leop. Confiderando la culpa,
sin la pafsion que me ofende,
la razon que le defiende
firue a Carlos de difculpa,
que en el dicho, ò en el hecho
folo quedara culpado
el que la ofenfa ha penfado,
y fabe que el yerro ha hecho:
la difculpa facilito
fin agrauiar la juſticia
fi en la ofenfa la malicia,
no es complice del delito.
Rup. Y el que anfi pierde la gracia
del Rey.
Leop. No deue temer,
porque eſto no es ofender,
fino feruir con defgracia.
Rup. Pues fiendo feñor anfi,
que Carlos no te ha ofendido,
porque tu gracia ha perdido,
quando halla difcupa en ti?
Leop. Ya he dicho que la razon
le difculpa, y le defiende:
pero eſto folo fe entiende
dando lugar mi pafsion,
que mientras ella me aflige
atormentandome el alma,
queda la razon en calma,
y es la pafsion quien me rige,
mi amor, y mis zelos fon
caufa defte defconcierto,
que amor, y zelos Ruperto,
nunca admitieron razon.

Rup. Mas fon defvelos que zelos
los que te ofenden aqui.
Leop. Zelos, y defvelos di,
que fin zelos no ay defvelos.
Rup. Quife dezirte feñor,
que fin ocafion los tienes
Leop. La caufa que a ignorar vienes,
aduirtieras fi el rigor
fintieras con que me tratan,
porque quando los efectos
quedan al mal tan fugetos,
que fin refiſtencia matan:
y huye del remedio el mal
de poderofa ocafion:
procede aquella pafsion,
cuyo accidente es mortal,
defuerte, que aunque eſtuuiera
dudofa la caufa aqui,
por los efectos en mi
fe viera, y fe conociera.
Rup. Y en que efectos tu pafsion
ha fundado eſte argumento.
Leop. En tres, aborrecimiento,
inquietud, y obſtinacion:
el primero, es el que dà
caufa poderofa al fuego,
que es aquel defafofsiego
que dentro del alma eſtà.
El fegundo viene a fer
la rabia, el odio, y la furia,
que en vengança de la injuria
llega fiempre a aborrecer,
a quien pienfa que le ofende;
pues

pues libre ya la passion
dentro en la imaginacion
su muerte busca, y pretende.]
El yltimo de los tres,
y el mas poderoso efecto,
es aquel torpe defecto
que los dos causan despues;
porque el amante obstinado
con la pena, y el rigor,
viendo que el daño es mayor,
por verse desengañado,
sale a recibir la flecha,
sin quererla resistir;
hasta que llega a morir
a manos de la sospecha:
y ansi yo tambien siguiendo
los daños que he publicado
en alta mar engolfado
voy tormenta padeciendo:
pues sin poder defenderme
destos confusos abismos,
en mis pensamientos mismos,
anegado llego à verme,
y de mi sossiego huyendo,
con mi sospecha luchando,
voy desengaños buscando,
y a Carlos aborreciendo.
Rup. Y si tu sospecha es cierta.
Leop. Si yo tal desdicha veo
pondrè limite al deseo,
viendo la esperança muerta.

Sale Tomas, y Isabela.
Isa. Essa la ocasion ha sido.
To. Esta ha sido la ocasion.
Isab. Conociendo la intencion
con que Carlos te ha seruido,
no podra en el Rey durar
el enojo.
Tom. Haste engañado,
que el disgusto de vn casado
es dificil de acabar.
No es tan pequeño el delito,

si en ello bien se repara,
que satira aqui encaxada
vn Poeta de poquito.
Leop. No es menester, ay de mi!
al desengaño buscar,
que ya el me sale a matar.
no has visto a Isabela alli?
Rup. Si señor.
Leop. Y aquel no es
Tomas de Carlos criado?
Rup. Tus zelos has declarado;
y es bien que aduertido estes,
que Tomas por lo ingenioso
llega con todos a hablar.
Leop. Y no es mas facil pensar,
que es contrario cauteloso,
y que Carlos le ha embiado.
Isa. Que a la Duquesa no hablo?
Tom. Que es hablarla, ni aun la vi:
en notable estremo has dado.
Is. Y en fin Claudia es muy hermosa?
To. Sola tu puedes ser mas.
Isa. Poco la alabas Tomas.
To. Si oyeras su dulze prosa,
junto con verla, dixeras,
que tenia buen gusto yo.
Isa. Y a Carlos no le agradò?
To. Antes en esso pudieras
su firmeza conocer,
pues yo de Claudia entendi,
que le miro bien alli.
Isa. Todo Tomas puede ser.
To. Fabricas quimeras ya?
Isa. Y el tambien la miraria.
To. Claro està, que ojos tenia,
Claudia en fin se quedò allà,
y à Carlos tienes aqui.
Solo de Claudia te digo,
que hablando despues conmigo
mil preguntas me hizo alli:
y este diamante me dio,
sin que Carlos lo supiesse.
Isa. Que Carlos no lo entendiesse:

es lo que mas dado yo,
muestra à ver.
Tom. Verle, y no mas.
Isab. Pues no te fias de mi.

Dale la sortija.

Tom Casi que no, porque aqui
alabarmele podras;
y yo soy tan ignorante
que note le ofrecerè.
Isab. Es muy bueno.
Tom. Ya lo sè.
Leop. Que es lo que le dio?
Rup. Vn diamante.
Leop. Ya no tengo que dudar:
què dizes Ruperto agora?
Tom. No me le alabes señora,
que no te le pienso dar.
Isab. Es por estremo.
Tom. Estremado.
Isab. Y en fin Claudia te le dio
para Carlos?
Tom. Esso no,
que para mi me le ha dado:
si es que me le has de pedir
dandome en oro primero
lo que dixere vn platero,
con el te quiero seruir:
aunque ay platero tambien
de piedras apreciador,
que como vn empedrador
las entiende.
Isab. Dizes bien.

Llega el Rey.

Leop. Buena es la piedra Tomas.
Tom. Si señor.
Isab. Confusa quedo.
Tom. No vi Rey pisar mas quedo,
ni que te aparezca mas.
Isab. Prenda es de mas digno dueño
Tom. Dueño tiene en mi importante
darte señora el diamante,

que ni le vendo, ni empeño.
Leop. Bien sè yo que si merece
estimacion por ser bueno,
que no estarà della ageno
por el dueño que os le ofrece.
Isab. Su dueño es este criado.
Leop. Pues quādo otro dueño tēga
que importàra?
Tom. Linda arenga.
Isab. Aqui Tomas me le ha dado.
Leop. No le boluais estimalde.
Tom. Que gracioso desvario:
Viue Dios señor que es mio,
y que no se dà debalde.
Leop. Pues siendo Tomas ansi
yo tambien le quiero ver.

Dale Isabel al Rey el anillo.

Sale Carlos.

Car. La desdicha que a temer
lleguè pude ver aqui,
prenda Isabela le dà
al Rey.
Leop. Ya le estimo yo
porque a vos os agradò.
Tom. Peor que en mi dedo està.
Isa. En vos su valor aumenta.
Leop. Este podeis vos traer
en mi nombre.
Tom. Esso es hazer
sin la huespeda la cuenta.
Car. Recibiole.
Tom. Oyeme, aduierte.
Car. Aquesta la causa ha sido,
porque hal è al Rey diuertido,
Isabela le diuierte.
Isa. Por vuestro le estimarè.
Tom. El trueco ha sido estremado,
señora si te has burlado,
basta, di que me le dè,
ò que me le pague aqui.
Isa. No perderàs su valor.

Leop.

Leop. Que dizes Tomas?
Tom. Señor,
que soy yo quien te le di.
Leop. Tu me le has dado?
Tom. Y te aduierto,
que no le vendo fiado.
Leop. Bien los dos se ha cõcertado,
haz luego pagar Ruperto,
este diamante a Tomas.
Tom. Alguna eterna librança,
me daràn, cuya cobrança
es para siempre jamàs.
Rup. Si Carlos se le ha embiado,
ciertos saldran tus rezelos.
Leop. Aqui, Ruperto, mis zelos
el primer passo han ya dado.

Vase con Ruperto.

Isab. En èl el Sol se retrata.
Tom. Esto me deues à mi,
pero cobrare de ti
si la paga se dilata.
Isab. Y yo me obligo a pagarte,
quando se aya dilatado.
Tom. Que linda traça he pensado,
señora escuchame à parte,
dos vezes le he de cobrar.
Carl. Que hablaràn los dos aqui?
Tom. El secreto fio de ti.
Isab. Bien me lo puedes fiar.
Carl. Mas porq̃ otra prueba intẽto,
si en lo que he visto reparo,
que en agrauio que es tan claro,
ya es afrenta el sufrimiento.
Tom. Claudia, para èl me le dio,
por si lo sabe despues,
con otro que tu me des,
cumplirè con Carlos yo.
Isab. Quien tal engaño creyera,
ò traidor!
Tom. Traça estremada.
Isab. No digas a Carlos nada.

Quierese ir, y Carlos la detiene.

Carl. No dirà Isabela espera,
que yo lo he escuchado aqui.
Tom. Señor,
Carl. Quita.
Tom. Escucha, aduierte.
Carl. Vete, à darete la muerte,
no estes delante de mi.
Tom. Ay desdicha semejante.
Señor.
Carl. Vete luego.
Tom. Cielos,
que polbareda de zelos
ha leuantado vn diamante. *Vas.*
Carl. Isabela.

Quiere irse, y Carlos la detiene.

Isab. Es escusado.
Carl. Aguarda pues.
Isab. Suelta.
Carl. Ha fiera.
Isab. Que es lo q̃ tu engaño espera,
Carlos si lo has escuchado.
Carl. Sirena, cuyas palabras
disfraçan mortal veneno,
que con vozes engañosas,
dulcemente hiere el pecho.
Rémo ya que ha detenido,
mi confuso entendimiento,
en vn abismo de agrauios,
sin dexarle ver el puerto.
No busco disculpas tuyas,
satisfaciones no espero,
que quien de ofender se precia,
no las darà en ningun tiempo.
Tus sinrazones he oido,
escuchadole mi desprecio,
ya te vi ofrecer fauores,
ya vi el engañoso trueco.
De donde mi desengaño,
vn facil discurso ha hecho,
y es que toda tu firmeça,
en los diamantes la has puesto.
Y en ellos tambien mi muerte,
fun-

puntas de diamante fueron,
que me has arrojado al alma:
y anſi no aguardo remedio:
à Iſabela, quien creyera
que en los dos ſe hallara exẽplo,
en ti de rigor tan fuerte,
y en mi de agrauios tan nueuos:
leuantaronme tus braços
haſta el fauor de tu cielo;
y arrojaronme en vn punto
al oluido de los muertos:
no sè ſi deſpierto lloro,
ò ſi en mis deſdichas ſueño:
que tanto mal no es poſsible,
venir en tan corto tiempo:
ayer te vieron mis ojos,
quando los tuyos me vieron,
vertiendo amoroſas riſas,
y glorias de amor vertiendo:
oy parece que la muerte,
apoſentada en mi pecho,
leuanta contra mi vida
el duro braço violento:
que penſamiento ha mudado
ingrata tu penſamiento:
las firmezas de tu fee
quien las derribò tan preſto!
mas no es poſsible enemiga,
que tu amor fue verdadero;
nunca mas firmeza tuuo
que la que oy he deſcubierto:
ſiempre eſcondiſte mudanças,
ſiempre faciles deſeos;
los fauores que me hiziſte
fingidos alagos fueron:
cierta ſeñal que querias,
como el traidor encubierto,
en publico aſsegurarme,
para matarme en ſecreto:
pero no es vn daño ſolo
el que tu mudança ha hecho,
que en las afrentas que ſufro,
y en los agrauios que ſiento,

el mayor es que à mi Rey,
ſiendo ſoberano dueño,
aquien adoro, y eſtimo,
mi lealtad ſe le aya opueſto,
ſin ſaber que le ofendia,
que tu te guardaſte deſto
porque mi valor rendido
te dieſſe mayor trofeo:
por ti no ſe caſa el Rey,
que el que ha llegado indiſcreto
à fiarſe de tus ojos,
llora con mis daños luego:
por ti mi opinion ſe pierde,
y mi honor en duda pueſto,
a las lenguas de la embidia
que da rendido, y ſujeto.
Por ti Leopoldo me afrenta;
y por ti tambien ſu Reyno
boluerà a trocar la paz
en muertes, guerras, y incẽdios:
Mira que de males cauſas,
mira que agrauios diuerſos
proceden de tus engaños:
pero ſin cauſa te afrento;
que ſolo de tu hermoſura
nacen tan triſtes efectos;
que aunque el alma los padecè
no tiene arrepentimiento.
Aguarda Carlos, eſcucha.
Car. No te eſcucho, porque temo
que has de boluer a engañarme,
y ya eſcarmentado quedo.
Iſa. Oyeme Carlos, aduierte.
Ca. Si has traçado engaños nueuos
tarde llegaràs tirana,
que haſta aqui diſculpas tengo,
por no auerlos conocido:
pero ya quando padezco
tales daños no podrè
dezir que a ignorarlos vengo.
Iſa. Dexa enemigo de hazer
ſofiſticos argumentos,
pues quantos aqui propones

van de la razon tan lexos,
que quando verdades fueran,
nunca cupo en nobles pechos
vengança de las injurias
con rigores tan violentos:
y el que de amante se precia,
haze mayores estremos
por estimar lo que adora,
aunque le maten desvelos.

Ca. Calla, que son ya disculpas,
y las verdades que creo
podràn quedar desmentidas
si a tus disculpas me acerco,
que quiero amor que las oyga,
y el alma admitelas luego,
porque disculpas de amor
oluidan agrauios presto.

Isa. Darè vozes.

Car. No las dès,
no se escuche ni aun el eco

que inficionas con las vozes,
y matas con los acentos:
Reprime en ti las palabras,
bueluelas ingrata al pecho,
que si en tu pecho se ahogan
podràn ser los daños menos.
Vase.

Isa. A traidor! de mis palabras
vàs con alma ingrata huyendo,
no porque engaños esconden,
que siempre verdades fueron;
mas porque no hallas disculpa
que en tu causa pueda serlo:
y aqui con mis propias quexas
me quieres dexar muriendo:
buelue a examinar agrauios,
engaños examinemos,
verás que te adoro yo,
quando me estàs ofendiendo.
Vase.

Sale Leopoldo Rey, Ruperta, y criados.

Rup. De la Duquesa dizen que es criada,
y que a Sicilia passa, y và a casarse.

Leop. Y ami me quiere hablar?

Rup. Hablarte quiere.

Leop. Su nombre?

Rup. Claudia.

Leop. Cuidadoso quedo,
todo me ofende ya, llega vna silla,
y dezid que entre Claudia.

1. Cr. No parece
que està contento el Rey del casamiento.

2. Cr. Por esso dizen que aborrece a Carlos.

1. Cr. Si le ha casado al fin con poder suyo,
porque al Duque culpò?

2. Cr. No sè la causa.

*Sale la Duquesa de camino bizarra, y Fisberto,
y otros.*

Fisb. A dificil empresa te atreuiste.

G

Du. Impossible la industria facilita.
  Mandome la Duquesa mi señora,
  que para prosperar mas bien la suerte
  que en Sicilia me ofrece, y guarda el cielo,
  besasse aqui los pies a vuestra Alteza.
Leop. Leuantad, tomad silla, gran belleza.

Lee el Rey en secreto.

Du. Estas sus cartas son.
Rup. Glorioso premio
  gozarà el que merezca ser su esposo.
Car. Fisberto, y Claudia aqui, valgame el Cielo!
Du. No ha mentido la fama en quanto dize
  de Leopoldo.
Fis. La gala, y gentileza
  en el quiso esmerar naturaleza.

Leop. En esta carta señora,
  no escriue mas la Duquesa
  de que os estime, y os honre
  como a su persona mesma:
  y que a su seruicio importa
  que yo en Napoles os tenga,
  hasta que otra cosa auise:
  fuerça serà obedecerla,
  pues me manda que la sirua
  en lo que tanto interessa
  mi Corte, como es gozar
  de tan soberana prenda.
  Ruperto a la Infanta auisa
  desta dicha, porque sepa,
  como la señora Claudia
  oy en su quarto se hospeda.
Rup. La magestad, y hermosura
  en ella iguales se muestran.
  Voy a auisar.   *Vase.*
Leop. Entrad pues.
Du. Perdoneme V. Alteza,
  y oygame primero a mi,
  que aunque la clausula sea
  de la carta tan sucinta,
  en solo mi nombre encierra
  muchas causas, y razones,

  remitidas a la lengua,
  porque entre ilustres mugeres,
  nunca señor se professa
  tratar de su casamiento
  por palabra, ni por letra:
  y ansi la Duquesa calla
  lo que yo dirè por ella;
  y puesto que a mi en su nombre
  me hõrays, como ya se muestra
  en la merced que me hazeis,
  digo señor, que pudiera
  culpar vuestra cortesia,
  y agrauiar vuestra prudencia,
  si estas virtudes tan claras
  en vos no se conocieran.
Leop. Porque Claudia.
Du. Porque ha sido,
  perdonad, inaduertencia
  mostraros tan oluidado
  de la causa que es primera.
Leop. Pues de que me oluido yo?
Du. De preguntar como queda
  la Duquesa mi señora.
Leo. Pues Claudia, no quedò buena?
Du. Si señor, mas fuera justo
  que antes que yo lo dixera
                              me

me lo preguntaráys vos;
pero hablaysme tan depriessa,
que pienso que os escusais
de hablar, y de tratar della;
y aquello de que no se habla,
ò se oluida, ò se desprecia.

Leop. Yo la estimo.

Du. Por quien es,
solamente es justa deuda
que os obligueis a seruirla,
sin que otra causa interuenga?
y si el valor ignorais
que sus virtudes engendran,
aduertid, que seis Coronas
no inferiores a la vuestra
en grandeza, dignamente
se ofrecen a su cabeça.
Que es la Imperial de Alemaña
la de Vngria, y de Boemia;
con los tres ricos Estados
Milan, Ferrara, y Florencia:
cuyos Priàcipes, y Reyes
la escriuen como a su Reyna;
y porque se que sabeis,
que solo ha de merecerla
el que sin ver su hermosura
mostrarse mas su firmeza
en seruirla, hame pesado
de no ver grandes finezas
en vos, siendo a quien mas toca
por mas digno aquesta empresa.

Leop. Quando yo Claudia pensara
merecer a la Duquesa,
y tratara de casarme,
estas finezas hiziera;
pero de Carlos ha sido
escusada diligencia;
y nunca tuuo orden mia;
porque yo no me atreuiera
a proponerlo: entrad pues,
que mas despacio a essas quexas
responderè.

Du. No pretendo

escuchar otra respuesta,
que la que aqui me aueis dado
en ella; pues satisfechas
quedaràn las quexas mias,
pues basta a satisfacerlas
el no pretender casaros;
y que sin licencia vuestra
lo tratasse el Duque, ay cielos!
no castigueis mi soberuia:
mas pues vos os declarais,
es bien señor, que os aduierta,
que temiendo estos engaños,
y con la misma sospecha
de que Carlos la engañaua,
la Duquesa con cautela
à Napoles me ha embiado
porque esta verdad supiera;
mas pues de vos la escuchè,
agradecida, y contenta
del breue despacho, os pido,
para boluerme licencia,
que la Duquesa no trata
de casarse, antes dessea
el desengaño que lleuo;
y està aguardando estas nueuas:
Solo la traicion de Carlos
con justa causa condena;
pero sabra castigarle
aunque vuestro amparo tenga.

Car. Ya no basta el sufrimiento,
ya no puede la paciencia
sentir callando estos daños,
ni sufrir tales afrentas.
Poderoso Rey, que aguardas
quando mis desdichas llegan
à declararse conmigo,
y contigo se aconsejan:
que aguardas que no executas
en mi la vengança fiera,
que tu rigor solicita:
mas la vida que me dexas,
es la vengança mayor,
que no ay castigo, ni ay pena,

como viuir el que es noble,
con desprecio, y con afrenta,
tu que al mundo diste causa,
para que me conociera,
quando no por mi valor,
por las honras, y grandeças,
que he recibido de ti,
dexando memoria eterna
de mi nombre, y de mis hechos,
la fama que es pregonera.
Tu que a mi lealtad fiaste,
no solo honrosas empresas,
no solo el poder, y mando
de Napoles, y sus fuerças,
sino que la voluntad,
con ser rebelde potencia,
que al mismo que la ha criado,
el hombre aun no la sujeta.
No vsando della quisiste,
que yo el primer mouil fuera,
de todos los pensamientos,
que en sus afectos se engendran.
Tu que para honrarme mas,
en ocasiones diuersas,
me dixiste tantas vezes,
que quisieras que naciera
sin valor, pobre, y humilde,
para que mas bien pudieras
engrandecer mi humildad,
y ennoblecer mi baxeça.
Palabras son estas tuyas,
que a no ser de vn Rey, pudieran
dezir que fueron lisonjas,
que me engañauas con ellas.
Tu que estas honras me hazias,
permites que ansi las pierda,
tu que me amparas me agrauias,
tu que me honraste me afrentas?
Yo traidor a tus oidos,
y que la atreuida lengua,
de vna muger este nombre
de a Carlos! Quien tal creyera,
que lo oyeras, y callaras,

mas de que siruen mis quexas,
si tanto se ofende Dios,
del hombre que en otro espera.
En mi desdicha señor,
si bien a aduertir lo llegas,
lo que mas sentir podre,
es ver que aunque en ella muera,
no quedas tu disculpado;
porque la fama parlera,
dirà a vozes mis delitos;
y tambien de ti indiscreta,
murmurarà la eleccion,
que de mi hiziste, pues fuera
justo, que antes de estimarme
examen seguro hizieras
de meritos, y virtudes,
para que no escurecieran
mis vicios despues tus glorias,
y tu Reyno destruyeran.
Pues si clama mi lealtad,
y en mi la traicion no es cierta,
tambien tu justicia ofendes,
tambien sin disculpa quedas:
pues los que despues siguieren,
mi desdicha en mi tragedia,
veràn el vltimo premio,
que sus seruicios esperan.
Sola vna disculpa hallo,
en tu fauor que lo sea,
pero esta callaua el alma,
que no es bien que otro la sepa.
Bastante causa has tenido,
grande señor es la fuerça,
que te obliga a perseguirme,
mas ay cielos! que es mi estrella.
Acabese ya la vida,
Claudia dile a la Duquesa,
no que soy traidor, mas dile
que trace mi muerte a priesa. *Vas.*
Le. Guardas prendelde, mataldes
pero prendelde, y no muera,
que por sentir sus agrauios,
ninguno merece pena. *Vas. Rey y*
Duq.

Du. O engañofa confiança
que bien caftigada eftàs,
oy tirano amor podràs
tomar ya de mi venganças;
yo foy la que defprecie
tu poder,mas tu rigor
conmigo ha fido mayor
en el defprecio que hallè.

Fisb. Siempre del cafo temi
tan trifte arrepentimiento.

Du. Ay Fisberto, lo que fiento
es no arrepentirme aqui,
libre de amor, y cuidado
moftrè efquiua condicion,
hafta que haziendo eleccion,
forçada à tomar eftado,
à Leopoldo me inclinè;
y quando yo imaginaua
que èl en mi amor fe abrafaua,
y verle determinè;
he hallado mi penfamiento,
tan burlado como has vifto,
pues folo penas conquifto,
dando efperanças al viento.

Fif. Y al fin perdida podràs
valerte del defengaño?

Du. No fuera tan graue el daño
a poder boluer atras:
bien penfè yo retirarme
en viendo tal ocafion;
mas ya todo es confufion,
y fin defenfa entregarme
à morir, y à padecer;
con tu defprecio me abrafo,
que ya no puedo dar pafo
que no fea para querer.

Sale Ruperto.

Rup. La Infanta, y el Rey feñora
os efperan.

Du. Ay de mi!
difimular quiero aqui

las penas que el alma llora:
Y mandò a Carlos prender
el Rey?

Rup. Mas piadofo eftà;
efte Palacio le dà
por carcel.

Du. Hafta faber
por quien Leopoldo me oluida
he de morir, y callar.

Fif. Tus daños vàs a aumentar.

Du. Lo menos es ya la vida. *Vanfe.*

Sale Ifabela, y Tomas.

Ifa. Claudia en Napoles, Tomas,
y el Duque parte no ha fido
para que ella aya venido.

To. En notable engaño dàs;
efcucha affi Dios te guarde,
oye la difculpa aqui;
efpera.

Ifa. Si a Claudia vi,
tus difculpas llegan tarde.

To. No es poffible deshazer
mi enredo, no ay concertarlos,
ni ella me efcuchà, ni a Carlos
le puedo fatisfazer.

Ifa. No hables en fu abono aqui.

To. Oyeme por Dios.

Ifa. Ay Cielos!
baftaua para mis zelos
darte ella el diamante a ti.

To. Sabes que pienfo feñora,
que por no me le pagar
no me quieres efcuchar.

Ifa. Que agrauios el alma llora,
fi a Carlos viene figuiendo
Claudia, que podràs dezirme,
que dexe de perfuadirme
à la verdad que eftoy viendo.

To. Solo te quiero aduertir,
pues no me quieres creer,
que fuele dañofo fer
no dexarfe perfuadir

G 3 *con*

con razones el discreto:
pero señora, que intentas,
si enmedio de sus tormentas
pones en mayor aprieto
al Duque, no es ocasion esta
de enojo, ni zelos,
porque podràn tus desvelos
causar mayor confusion:
quando le vès perseguido,
y en desgracia de su Rey,
guardas el rigor la ley:
duelete de vn afligido;
llegue a consolar su pena
tu soberano fauor,
habla al Duque mi señor,
mira que acaso condena,
ya tu amor por inconstante:
y muy posible seria
fabricar señora mia
del trueque de aquel diamante
alguna sospecha fiera;
que lo demàs es engaño:
Isa. Bien dorado traes el daño
de tu lengua lisongera;
que bien Carlos te ha inducido,
en sus engaños.
Tom. Aduierte.
Isa. Vete luego.
Tom. De mi muerte
mi lengua la espada ha sido:
mas Carlos viene, y podrà
responderte.
Isa. Ay Duque ingrato,
quien borrara ya el retrato,
que dentro del alma està.

Sale Carlos.

Car. Piadosa me escucha,
pues cruel respondes
à las quexas mias,
que los vientos rompen:
No vengo Isabela,

ay que dulze nombre,
quando amor tenia
trato menos doble.
No vengo enemiga
à que tus rigores
pierdan la vengança,
sus crueldades gozen.
Ni tampoco vengo
(tus ojos perdonen)
à que con sus rayos
templen mis passiones.
No vengo à dezirte
penas, ni rigores,
passados engaños,
presentes traiciones,
Vengo solamente,
à que el alma donde
pudieron caber
tantas sinrazones:
sea capaz de oìr.
pues se quexa a vozes
la razon que ofendes,
y entre yerros pones,
No sea esclaua siempre
la señora noble;
oye à la razon
lo que te propone.
Si a mi me desprecias
para que coronen
Reyes tu hermosura,
que siruan, y adoren.
Elección tan justa
no es bien que la estorue,
antes a ayudarte
mi amor se dispone.
Calidad, y hazienda
hazen rico dote:
yo quiero Isabela
para que a vn Rey honres,
siendo esposa suya,
que mi Estado gozes:
En ti le renuncio,
con tal que perdonen,

tus ojos hermosos,
mis altos blasones.
No quiero señora,
qui mi Rey, desdore
mis claras hazañas,
ni mis glorias borre.
Dexa que se case,
esconde tus soles!
donde no den causa
que los vea, y adore:
que otros Reyes ay
à quien almas roben,
y aquien con sus rayos
mataràs de amores.
Dexa que Leopoldo
su libertad goze;
pero es cautiuerio
de eternas prisiones:
el que siene amor,
que aunque prende entonces,
no puede despues
soltar corazones.
Por la fee te ruego.
que mi pecho esconde,
con que te he adorado,
pues tu la conoces:
y por tu hermosura,
que es bien que la logres;
causa destos daños,
que este bien me otorgues
yo me irè a viuir
à estrañas Naciones,
donde tu me faltes,
y desdichas sobren.

Isa. Oyendo tus quexas,
sintiendo las mias,
confusiones hallo
que amorir obligan.
Quando yo enemigo,
sobetuia, y altiua
desprecie tu estado
de interes vencida?
Quando de Leopoldo

la Corona rica,
prometi a mi frente
del fauorecida?
Quando yo he estoruado
que se case, y viua
siglos venturosos,
sin vejez prolixa?
Yo afrento tus glorias?
tu a mis ojos fias
tan torpes empleos,
que tu honor impidan?
No te entiendo Carlos,
aunque bien podria,
si ha venido Claudia
à robar mis dichas.
Culpas mi firmeza,
tu amor calificas,
porque yo me oluide
de que tu me oluidas.
Destos desengaños,
la verdad confirma
Claudia, que te sigue,
quando tu la obligas.
Yo no busco Estados,
Reynos que autorizan,
porque el alma solo
sigue lo que estima.
Que a nacer tu pobre,
fuera yo mas rica,
pues amor me diera
glorias que me quita.
Mis desprecios lloras,
tus zelos publicas,
quando en tus desprecios
muero aborrecida.
Troquèmos las penas,
si es que amor te obliga;
dame tus agrauios,
toma mis desdichas:
Pero no querràs,
que el alma te auisa
que podràn vengarme
si en tu pecho habitan.

La sospecha injusta
que del Rey fabricas,
es por desmentir
las que al alma incitan.
Este es el diamante
que yo en cortesia
recibi del Rey
con alma sencilla.
Pero no es la causa
ver que le reciba,
sino que lleuasse
el que tanto estimas.
Y si en mis ofensas
rebelde porfias,

Entra el Rey, y los vè, y
Ruperto

la ocasion te lleua,
al dedo la aplica.
Muestrale a Leopoldo,
di que mi fee limpia,
te le ha dado en precio
de otra fee rompida.

Tom. Ha señor, ya no ay paciencia
para sufrimiento tanto:
de mi ha nacido este encanto,
yo truxe essa pestilencia:
lleuara el diablo el diamante,
nunca te le diera yo.

Leop. Que aguarda quien esto oyò.

Rup. Tu prudencia es importante.

Leop. Bien temi, cierta ha salido
mi sospecha, que pesar!
el valor llega a faltar,
à mi passion me he rendido:
matarèle; pero no,
quedese aqui mi locura,
goze Carlos su hermosura,
viuan ellos, muera yo.
Carlos, Isabela.

Llega el Rey.

Isa. Ay Cielo!

Leop. No os turbeis, dalde la mano
al Duque.

Isa. Es dicha que gano.

Leop. Carlos, llegad sin rezelo,
vuestra esposa es ya Isabela.

Llega turbado Carlos, y le dà la
mano.

Car. Si señor.

Leop. No ay que aguardar,
oy os aueis de casar.
Entrad.

Car. El alma recela.

Leop. Venid.

To. Boda con açar.

Rup. Tu valor has descubierto.

Leop. Tal desengaño Ruperto,
la vida me ha de costar.

Entranse todos (sin que quede nadie)
turbados.

IORNADA TERCERA.

Sale Leopoldo Rey, y Ruperto.

Rup. Aduierte señor, que ya
destos estremos mormuran.

Leop. Si mis daños tanto duran,

la causa se acabarà
presto, no darè ocasion
à que mormuren de mi,

que

que la pena que escogi
bo luerà por mi opinion,
porque siendo mi homicida
responderà con mi muerte,
que fue resistencia fuerte
no perder luego la vida.

Rup. Si tu a Carlos has casado,
y con gusto tuyo ha sido,
porque estàs desto ofendido?

Leop. Cõ mi gusto, haste engañado
Nunca de vn enfermo oiste,
frenetico del dolor,
que lleuado del furor
a sus daños no resiste;
y ageno ya del sentido,
procura precipitarse,
y al fuego, ò al mar echarse?
pues esto me ha sucedido:
que quando a Isabela vi,
que a Carlos fauorecia,
y a su amor satisfazia,
dandole mi prenda alli:
Yo frenetico de amor,
con mis proprios daños ciego,
me quise arrojar al fuego
siguiendo el daño mayor:
Caselos, imagine
templar mi dolor ansi:
pero mas fue, o encendi,
mayor confusion hallè:
y lo que más me desvela,
es, que no me determino
a enfrenar mi desatino,
ni a que lo sepa Isabela.

Rup. Si sabe, que es ya señor,
tan publico tu cuidado,
que imagino que ha llegado
Carlos a entender tu amor:
y ay quien diga, que en el crece
la sospecha de tal modo,
que ya se ofende de todo,
y que a Isabela aborrece,
sin que del te conociera,

que despues de estar casado,
le aya vna mano tocado.

Leop. Ojala que verdad fuera.

Rup. Y que esta melancolia
de tu amor le ha precedido.

Leop. Padezca, pues parte ha sido
tambien de la pena mia.

Rup. Señor, los daños aduierte,
y que es remedio importante
quitar la causa delante.
Ausentalos.

Leop. Mayor muerte,
si sabes que no he querido,
que de Palacio Isabela
saliesse; porque recela
el alma, que si ha salido
tras ella, se ha de partir
al cuerpo desamparando:
Como sin alma quedando
ausente podrè viuir?
Mas de donde tu has sabido
que Isabela a entender llega
mi passion?

Rup. De que es tan ciega
que todos la han conocido;
Isabela con cautela
no se dà por entendida.

Leop. Pues yo he de perder la vida,
ò de he gozar de Isabela;
traça tu el remedio amigo.

Rup. Viuiendo Carlos, no sè
como dartele podrè.

Leop. Muera Carlos mi enemigo,
y viua yo, que respondes?

Rup. Que muera pues tu lo mãdas.

Leop. Si al passo de mi amor andas
Ruperto, no correspondes
como vassallo leal,
que amor manda como injusto;
y aunque veas que me das gusto,
nunca me aconsejes mal:
Vè luego, y a Carlos di
que ha de comer oy conmigo,

pa-

para que tu seas testigo
que estaua fuera de mi,
quando imaginè matarle:
vè presto.
Rup. A auisarle voy.
Leop. Aborreciendole estoy
por mas q̃ me esfuerço a hōrarle
Vanse.

Sale Isabela, y Tomas.

Isa. Tomas, dilatàr quisiera
el remedio que pretendo,
si el mal de que estoy muriendo
algun espacio me diera:
otras vezes he querido
descubrirte mi dolor;
pero es tanto su rigor,
q̃ aun este bien me ha impedido:
Tu conocès la ocasion
que a mi muerte darla puede,
di de donde le procede
à Carlos tan gran passion,
porque aborrecerme llega,
Carlos, porque con rigores
corresponde a mis fauores,
y el premio a mi amor le niega:
Si como el alma imagina,
es Claudia quien le diuierte,
que estimo su vida aduierte;
y que ya se determina
mi amor à padecer tanto,
que por no le dar pesar,
sabrè mis penas callar,
consumiendo el alma en llanto.
Tom. Falta señora, por Dios,
que me enternèces, y harè
pucheros: como p odrè
concertaros a los dos;
pues quando a Carlos adoras,
tu mismo amor te condena,
del fauor nace la pena
que a el le aflige, y que tu lloras
Isa. Pues como, cantale ya

la possession del fauor?
Tom. Antes por tenerte àmor,
en tan loco estremo da,
no es Claudia no, tu hermosura
estos daños ha causado.
Isa. Del Rey conozco el cuidado,
y mi grande desuentura
temo, porque su poder
puede afligir, y turbar
à Carlos, no con pensar
que yo le podrè ofender;
pero con solo el temor
de que es Rey, y que podria
con violencia, y tirania
querer conquistar mi amor.
Tom. Essa sospecha cruel
la causa ha sido.
Isa. Ay de mi!
como si causa no di,
es tan poderosa en el?
Tom. Y yo de esso mismo infiero,
que esta passion rigurosa
viene à ser tan poderosa,
como en la Corte el dinero.
Isa. Como?
Tom. Si à aduertirlo vienes,
hallaràs que son iguales
la sospecha en causar males,
y el dinero en causar bienes.
Gran dinero, gran poder:
pinta vn hombre sordo, mudo,
tan ignorante, y tan rudo,
que venga a faltarle el ser:
el cuerpo de vn alcornoque,
esteuado, çambo, cojo,
zurdo, de ambos, o el vn ojo
que estè apuntado vn bodoque:
pintale flaco muy seco,
larga nariz, breue frente,
y que tenga finalmente
de hombre viuo solo el eco:
pintale vn gordo, que assiento
no toma sin que le sientan,
por-

porque al sentarse rebientan,
mil tempestades de viento.
Y porque mas te abomines,
pinta vn capon, ò vn mulato,
que calce vn buey por çapato,
y que no gaste escarpines.
Que si le ampara el dinero,
serà en estremo dichoso,
discreto, galan. ayroso,
cortesano, y cauallero.

Sale Carlos.

Carl. Isabela:
Isab. Esposo amado.
Carl. Sabes que el Rey mi señor,
para aumentar el fauor,
que me haze, oy me ha madado,
que coma con èl.
Isab. Merece:
tan gran merced tu lealtad.
Carl. Honrame su Magestad,
mas que yo pido me ofrece,
dame licencia señora,
para que oy coma sin ti.
Isa. No ay mas gusto esposo en mi,
que el tuyo, siempre te adora
el alma, y de suerte siento
verte sin èl, que comprara,
si con mi vida se hallara,
todo tu gusto, y contento.
Carl. Mis disgustos Isabela,
nacen de no ver casado
al Rey: ay que otro cuydado
es el que al alma desvela!
Isab. El Rey, pues tambien le està,
no dilatara el casarse.
Carl. Mientras ha determinarse:
no llega; pena me dà.
Isab. Tu pena siento señor.
Tom. Gran desdicha estoy temiédo.
Carl. Vete con Dios.
Isab. Si te ofendo,
irè a llorar mi dolor. *Vase.*

Tom. Duque Carlos, señor mio,
quien turba tu entendimiento,
que estremos de sentimiento
son estos?
Carl. Mi pena fio
de mi prudencia, y valor,
y engañame mi paciencia,
que no basta mi prudencia,
a encubrir tan gran dolor:
porque quanto mas le estrecho,
sin dexarle que halle puerta,
como à postema encubierta
rebienta dentro del pecho,
ven acà solo de ti
quiero mis daños fiar.
Tom. Mi fee se puede agrauiar,
de que me niegues aqui,
secreto que no me digas.
Carl. Possible es q̃ no has llegado
a conocer mi cuidado?
Tom. Con essa merced me obligas,
à dezirte sin temor,
qual es la herida, y la flecha.
Carl. Y qual es:
Tom. Toca en sospecha.
Carl. De que Tomas:
Tom. De tu honor.

Dale vn empujon cruel.

Carl. Calla, que es tan delicado
este nombre, que podrà
el eco de tu voz, ya
dexarle escuro, y manchado.
Nombra à la sospecha aqui,
y no miẽtes al honor,
que al cuerpo ocupa vn temblor,
frio despues que te oi
mas que calidad, Tomas,
das tu à la sospecha mia?
Tom. Tu engañosa fantasia
la engendra.
Carl. Engañado estàs,
porque esta es comun sospecha,

y algun remedio admitio:
pero la que tengo yo,
de ninguno se aprouecha.
En el fauor solamente,
se desuela cautelosa,
que me ofende rigurosa,
con lo que otro alinio siente.
De ver que el Rey me casò,
tan de prisa, y tan turbado,
y que auiendome casado,
disgusto, y pesar mostrò.
Varios discursos he hecho,
y aunque llamo a la razon,
todos quantos hago son,
viuoras que encierra el pecho:
casarme de aquella suerte,
mandar que en Palacio viua!
Tom. Señor.
Carl. Ha sospecha esquiua,
acaba de darme muerte.
Tom. No se que halles que dudar,
en la merced que vn Rey haze,
pues con ella satisfaze,
a lo que te deue honrar,
ni sus disgustos señor
te deuen entristecer:
pues todos pueden nacer,
de otra causa, y de otro amor,
no trates con tal crueldad,
tu inocente, y casta esposa,
laurel, y corona honrosa,
de virtud, y honestidad.
Contempla aquella belleça,
ocupada en tus fauores,
diziendote siempre amores,
nacidos de su firmeça.
Carl. Mira la sospecha mia,
templa ya de amor la llama:
porque quando amor me llama,
huye honor, y se desuia.
Tom. De cierta dama se cuenta,
que estando ausente el marido,
cogiò aquel tiempo perdido,

corriendo su honor tormento.
Pero llegando a temer
su yerro, como culpada,
imaginose preñada,
al galan lo hizo saber:
preuino el daño, y traçò
jaraues, purgas, sangrias,
mas como no era de dias,
nunca la criatura echò,
sin bastar las diligencias,
iba creciendo el preñado
tan mal acondicionado,
que todo era impertinencias.
Antojesele vna vez
comer de Francia vn melon,
pepinitos del Iapon,
y mançanitas de Fez.
Que passaria el triste padre,
en contentarla, y seruirla,
que costò la canastilla,
y el preuenir la comadre.
Quatro vezes en vn dia
à gran priesa la llamaron,
y mas de diez trasnocharon,
pensando que pariria.
Pero el preñado pesado,
quinze meses la durò,
y al fin dellos no pariò,
porque no estaua preñada.

Sale la Duquesa Maria con vna carta.
Duq. Ya se que Isabela ha sido,
quien le causa al Rey desvelos,
y yo abrasada con zelos,
adorando estoy su oluido:
pero mi industria sabrà,
remediarlo, y ausentarlos,
Tomas dexa solo à Carlos.
Carl. Vete.
Tom. Solos quedais ya.
Duq. En esta carta su daño,
y mi dicha escriue amor,
mi pena serà menor,

si oy con la verdad le engaño.
Tom. Quien menos los daños ama
mas presto viene a encontrarlos
tu iràs à la sierra Carlos,
si el Rey te sopla la dama. *Vase.*

Car. q me màdas Claudia hermosa.
D. Que leas lo que me escriue
la Duquesa.
Car. Ya recibe
pena amor de qualquier cosa.

Lee.

Los disgustos del Rey nacen de Carlos,
y mientras en Palacio Carlos viue,
y de su lado, y Corte no se ausenta,
no ha de casarse el Rey: lei mi afrenta.

D. Que dizes Carlos a esto.
Car. Del fauor que el Rey me haze,
la sospecha infame nace
en que mi honor anda puesto.

Buelue a leer la carta.

Honor, y amor, que quereis,
dexadme de atormentar,
que si me aueis de matar
bastante ocasion teneis.
El consejo que me dà
esta carta, seguir quiero,
que huyendo del Rey, espero
que mi onor se saluarà.
D. Duque Carlos.

Car. Que rigor!
D. Causa a sus desvelos dì.
Car. Ay cielos, siempre temi
la sospecha en el fauor.
D. Como no me respondeis,
Carlos como no me hablais
pues respuesta no me dais,
la carta es bien que me deis.

Quitale la carta.

Tenga amor de mi piedad,
su sospecha aumentarè,
y a Carlos, y al Rey sabrè
engañar con la verdad. *Vase.*

Car. Al potro del honor el cuerpo atado,
las bueltas dan al alma del tormento,
verdugo viene a ser el pensamiento,
el rezelo juez, pleyto el cuidado:
Las cuerdas del rigor han apretado,
la fuerça desfallece al sufrimiento:
Confiessa lo que sabes al momento.
no sè que confessar verdugo ayrado.
Afloja pensamiento, que la culpa
mi sospecha dirà, pues la confiessa;
escriua entendimiento su deshonra.
Mientes, no digo tal, gentil disculpa:
aprietenle el cordel, aprieta apriessa,
que aunque me mates morirè con honra,

Vaf. y salen Fisberto, y la Duquesa.

Du. Digo Fisberto, que amor
se ha declarado conmigo,
y que viene à ser testigo
del desprecio, y del rigor
con que Leopoldo me trata.

Fisb. En fin el quiere à Isabela?

Duq. Y ella con sagaz cautela,
ni le corresponde ingrata,
ni amante le fauorece;
mostrando que no ha entēdido
su amor de donde ha nacido,
la esperança que en mi crece;
y assi yo por escusarle
al Rey de que vea presente
la causa, y porque la ausente
à Carlos, quise mostrarle
aquella fingida carta,
que sin duda obligarà
à que de Napoles ya
con Isabela se parta;
y ella ausente, al Rey contemplo
tan docil, que ha de oluidar
su passion, y ha de estimar
mi amor de firmeza exemplo.

Fis. Y si desprecia tu fee.

Du. Corrida del desatino
q emprendi, boluiendo a Vrbino
mis desdichas lloraré.

Fisb. El Rey viene.

Du. De su amor
me vendràn dar parte a mi.
Vete Fisberto de aqui. *Vase.*

Sale el Rey.

Leop. Claudia.

Du. Que fiero rigor!
dexais ya veros, y hablaros
señor.

Leop. Quando para ti
ha faltado gusto en mi
de verte.

Du. Temo enojaros;
que en vuestra melancolia,
no ay calidad, ni excepcion
de personas que es passion
que no admite cortesia:
dizenme que al mas amigo
la entrada se le defiende.

Leop. Esso con todos se entiende
pero no Claudia contigo:
Que te escriue la Duquesa?

Du. Nueuas quexas.

Leop. Pues que dize.

Du. Tus intentos contradize,
manda que me vaya apriessa,
que como solo he venido
a ser encubierta espia,
y sin diligencia mia
la verdad he conocido:
Hela escrito.

Leop. Que escriuiste.

Du. Tu tristeza, y desamor
ya sabe.

Leop. Ciego rigor!

Du. La causa porque estàs triste,
(como si presente a qui
la Duquesa mi señora
estuuiera) sabe agora.

Leop. Burlando te estàs de mi:
es engaño.

Du. Si lo ha sido
con la verdad te engañé.

Leop. Tu inconstancia culparè,
tu Claudia me has prometido
el secreto.

Du. Verdad es;
pero como mi lealtad:
le ha de negar la verdad
si ha de saberlo despues,
que de mi podra ofenderse.

Leop. Ay Claudia, tu discrecion
me diuierte, y mi passion
puede tambien suspenderse
contemplādo en tu hermosura,
bien

bien sé que me has engañado,
y que no la has auisado,
deste accidente, ò locura
à la Duquesa; y pues ya
le has llegado a conocer,
no se le des a entender,
que algun remedio tendrà.

Duq. El que tiene mi esperança;
pues si me manda partir,
que la puedo yo escriuir.

Leop. Tu ingenio todo lo alcança,
escriuela que la adoro.

Duq. Mintiendo?

Leop. Verdad serà,
si mi passion lugar dà.

Duq. Ved las desdichas que lloro!

Leop. Si escapo deste cuydado,
yo prometo Claudia mia,
quererla solo en vn dia,
quanto de amarla he dexado.

Duq. Y es à mi lealtad decente,
prometer que sanarà,
vn gusto que enfermo està,
y vn amor conualeciente?

Leop. Bien lo puedes prometer.

Duq. Si el alma se asegurara,
aunque muriera esperara,
por verme de ti querer:
pero aqui sale a aumentarme
Isabela mis desvelos:

Leop. Hazelda piadosa cielos,
mirad que viene a matarme.

Sale Isabela.

Isab. No llego a mala ocasion;
pues viniendo a suplicarte,
que vna merced me concedas,
podrà Claudia apadrinarme,
que importa mucho al q̃ ruega,
hallar quien haga sus partes,
y ver con semblante alegre,
al que las mercedes haze.
Y sin la presencia hermosa

de Claudia contigo vale,
no es possible señor mio,
que de mi ruego te canses.

Leop. Mas me ofendo de q̃ pienses,
que ansi podràs obligarme,
Isabela pues tu dudas,
de lo que yo sè estimarte,
tu con migo has de valerte,
de padrinos ni ayudarte,
demas fauor que tus ojos,
para que todo lo alcances?
Pide el mayor impossible,
que te juro de enojarme,
si me llegasa pedir
cosa que pueda ser facil.

Isab. De essa palabra fiada
me atreuere.

Leop. No dilates
la causa.

Isab. Escuchame pues,
que es fuerça que se dilate.
Desde aquella tierna edad,
en que las flechas mortales,
de amor alcançan vitoria,
de quien su poder no sabe.
Vi a Carlos, y el alma luego
quiso amor que le entregasse,
y que de mi libertad
antes èl, que yo gozasse:
Pero no fue amor ingrato,
en vnir las voluntades,
que con vna misma flecha,
dos almas hizo juntarse.
Durò nuestro limpio amor
creciendo, sin que dexasse,
que el vno a otro se diesse
ventaja de mas constante.
Hasta que tu, que sin duda
piadoso de penas tales,
casandonos permitiste,
que dos vidas no acabassen.
Celebre tu nombre el mundo,
viuas felices edades,

que

que en dos almas de vna fee,
tan dulce prision echaste.
Oy pues que con el estado,
deste laço inseparable,
creçen las obligaciones:
amor quiere adelantarse,
no a temer, a preuenir
algunas dificultades,
que solo preuenir puede,
el que se precia de amante,
Carlos mi esposo que siempre
con pensamientos leales,
en tu seruicio ha mostrado,
vn cuydado vigilante.
Desuerte llega a sentir,
que tristeças te acompañen,
y que gustos no te sobren,
que pienso que han de matarle
tus mismas melancolias;
porque imaginan que es parte,
el no acertar a seruirte,
como lo supo hazer antes
estos temores en èl,
siempre podran aumentarse,
mientras que tu como el Sol
sin eclipse de pesares
nos alumbras claro, y sereno,
que infunden las magestades
en los vassallos tan firmes,
y a los bienes, y a los males.
Alegra tu Reyno pues,
trata señor de casarte,
que digna esposa te aguarda,
dexa efetos desiguales
de tu valor, y prudencia;
porque con esto se acaben,
en ti tristeças injustas,
y en Carlos penas tan grandes.
Leop. No sabes lo que has pedido,
ò muger la mas constante,
en querer a mi enemigo,
y en saber tormentos darme.
Isab. Esta pues es la merced,

que tu señor me otorgaste,
y que tu Reyno desea,
por lo que viene a importarte.
Leop. Ay cielos, sin duda ha sido
preuencion para escusarse,
que si sabe que la adoro;
con esto quiere auisarme,
que no ha de estimar mi amor,
pero bien podrè engañarme,
ven acà Isabela, Carlos
a tu amor no satisfaze
con igual correspondencia?
ha llegado a despreciarte?
Isab. Nunca el marido prudente,
aunque meritos no halle
en su esposa la desprecia,
como su fama no manche,
ni tan poco se permite,
a mugeres principales,
quexarse de sus agrauios,
sino al mismo que los haze:
Carlos me estima, y me quiere.
Leop. Dichoso el que ve premiarse,
y quieres tu mucho a Carlos?
Isab. No sabrè yo declararte
en lo que el alma le estima,
mas si pudiera trocarse
la suerte de ser su esposa,
y sin conocer sus partes,
naciera yo solamente
para ser de los mortales,
señora que a todo el suelo,
diera leyes inviolables:
quisiera sin tener ser,
que los alientos vitales
no huuiera goçado el cuerpo,
ni que saliera a admirarse
desta maquina del mundo,
compuesto de variedades,
causandole pasmo a el alma,
agua, fuego, tierra, y ayre,
todo señor lo perdiera,
por no perder vn instante,

la dicha que en Carlos tengo,
la gloria que hallo en amarle.
Leo. Quien esto escucha q̃ aguarda,
pero mas se enciende, y arde.
el pecho en celosa embidia,
viendo su fee tan constante,
mas a vn Rey todo es possible,
Isabela? ay pena graue!
Isa. Que me mandas.
Leop. Que hazes bien
de quererle, y de adorarle.

Vase.

Dw. Las tristezas de Leopoldo
solo de tus ojos nacen,

siempre temi tu hermosura,
ò Isabela, disculparse
puede el Rey, q̃ el q̃ ha llegado
a verte es fuerça entregarte
el alma, que tu le tienes
sin que espere hallar rescate.
Isa. Claudia, culpa a mi desdicha
que mi hermosura no es parte,
y no respondo a tus quexas,
porque mi honor las deshaze.
Dw. Si eres tu quien se lo estorua,
en vano le persuades
a que cobre los sentidos,
y a que te oluide, y se case. Vas.

Isa. Donde el remedio de mi mal espero,
hallo nueuas desdichas, y temores;
sufro el dolor, y callo los rigores
con que me aflige mi tormento fiero.
Digo que viuo, y tristemente muero;
cojo desprecios, quando siembro amores,
de Carlos me prometo los fauores,
y el me aborrece al paso que le quiero.
Pero por mas que el daño de mi pena
el alma triste disfraçar intente,
no podrà en mi durar el sufrimiento.
Que soy como el que canta en la cadena,
que parece que aliuio entonces siente,
mas luego buelue al llanto, y al tormento.

Sientase, y sale Carlos de camino.

Car. Que os retireis han mandado,
honor mio alto à marchar,
que no es cordura aguardar
à que nos mate el cuidado:
la guerra se ha declarado,
el contrario es poderoso,
huirle el rostro es forçoso;
que sera poca prudencia
quererle hazer resistencia,
si ha de salir vitorioso.
Huyamos de su rigor,
porque la sospecha fiera,
faltando la causa muera,

y vos quedeis viuo honor?
no aueis perdido el valor,
si con tiempo os retirais,
porque con esto mostrais,
que antes de ser ofendido
el daño aueis preuenido
sin que la opinion perdais.
Ay soberanos despojos,
mas que ño al sueño al dolor
entregados, y al rigor
con que os tratan mis enojos
perdonad hermosos ojos
si dexo con mis cuidados
H   y ueis

vueſtros rayos eclipſados;
que aunque culpa no tengais, o
por la muerte que me dais
es bien que eſteis enlutados.
Perdonad, ſino me veis
mas que otras vezes contento,
que no es mi menor tormento
veros que triſtes eſteis;
ſi mi pena conoceis
diſculpa tiene mi error,
que aunque me muero de amor
por veros, y contemplaros;
no puedo alegre miraros,
que me lo eſtorua el honor.
Iſa. Sin cauſa padezco, ay Cielos!
mi pena es ya mi homicida,
rindaſe al dolor la vida,
y acaben tantos deſvelos.
Rey.
Car. Ay cielo ſoberano.
Iſa. Carlos.
Car. Durmiendo Iſabela,
ſe reſiſte, y ſe deſvela,
y al Rey llama, no es en vano.
Iſa. Rey.
Car. O ſoſpecha enemiga,
haſta aqui me has perſeguido,
ſi el poder ſe le ha atreuido,
y a eſtremos tales la obliga;
pero es ſueño, que crueldad!

Iſa. Carlos tu honor.
Car. Ay de mi !
no paſſes ſueño de aqui,
que nunca dizes verdad.
*Abrazaſe con ella, y poncla la mano
en la boca.*
Iſa. Gente, criados eſpoſo,
que me ahogan, que me matan;
ay Carlos, tus manos tratan
caſtigo tan riguroſo,
quando huyendo yo de mi
me retirè a eſte apoſento,
quando mi propio tormento
me eſtaua matando aqui;
quando vna congoja fiera,
quando vn deſmayo mortal
rinde el aliento vital;
tu me ayudas a que muera:
tus manos me dan la muerte;
Carlos tu ayrado conmigo,
tu eſpoſo, eres mi enemigo,
en que lleguè yo a ofenderte,
dime en que pude agrauiarte,
y acaba mi vida aqui,
mas pienſo Carlos que en mi
es ya ofenſa el adorarte,
ſi en eſto mi culpa eſtà,
aduierte que eſte rigor,
ni ſe le deue a mi amor,
ni mi honor le ſufrirà. *Vaſe.*

Car. Qual me dexas honor de pena el alma,
qual me tienes amor de fuego el pecho;
no ſe qual de los dos con mas derecho
pretende con mi muerte ganar palma.
Que honor de amor las penas dexa en calma;
y amor de honor los daños ha deshecho;
prueua a matarme honor, y a ſu deſpecho
amor la herida con veneno enſalma.
Si alguna vez en el teſſon peſado,
treguas haziendo à ſer llegan amigos,
no por eſto mi pena es menos fuerte.
Porque hallo la ſoſpecha luego aljado,

tnols.   y los reconoci, dos enemigos
      bueluen a batallar, y a darme muerte. *Vase.*

Sale Leopoldo, y Ruperta.

Leop. A vn abismo de tormentos
   ciego el sentido entregue;
   hiziste lo que mandè.

Rup. Sin penetrar tus intentos
   te he seruido, este señor
   es el retrato.

Leop. Y en el
   se descubre, que el pincel
   de Apeles no fue mejor.

Rup. Es en todo semejante
   al diuino original.

Leop. Para diuertir mi mal
   no hallo remedio importante.

Rup. Si amas señora a Isabela,
   porque el retrato has pedido
   de Claudia.

Leop. No has entendido
   lo que ya el alma recela:
   presto verás el efeto
   para que te le pedi;
   y aduierte Ruperto aqui,
   que has de guardar el secreto.

Rup. Claudia sale.

Sale Fisberto, y la Duquesa.

Fis. Tu opinion
   importa mas.

Du. Si la vida,
   ya està a la causa rendida,
   disculpeme mi passion.

Leop. Pues Claudia has la ya auisado
   a la Duquesa Maria
   del cuidado, y pena mia?

Du. De tu parte la he engañado,
   escriuila como ordena
   tu Alteza, que en su hermosura
   adoras con fee segura,
   y que es causa de tu pena.

Leop. Que escriuiste bien aduierte,
   no la engañaste.

Du. Esso fuera.

si yo señor no supiera
la passion que te diuierte,
y quien la causa.

Leop. Engañada estàs,
   que ninguno puede dezir
   de donde procede
   mi passion.

Du. Traça estremada,
   pues a mi tambien señor,
   me pretendes engañar.

Leop. Presto te harè confessar
   que no entiendes mi dolor.

Sale Isabela llorando, y por otra parte
Carlos, y Tomas.

Isa. Ya no basta el sufrimiento,
   ojos publicad llorando
   mis desdichas.

Ca. Disfraçando
   la causa, y el pensamiento
   pedirle al Rey determino
   licencia, y partirme luego.

To. Tu esposa señor.

Ca. Ya llegò
   al vltimo desatino:
   à que aurà venido aqui.

Leop. Isabela vos llorais,
   vos a mis pies derramais
   perlas: alçad.

Ca. Ay de mi!

Isa. Quando otra vez a tus pies,
   te publiquè mi dolor,
   pensè que le conocieras;
   y que mas piadoso oy
   a mis quexas te mostràras;
   que el que es discreto señor,
   nunca dilata el remedio
   a quien del necessito:
   ya no vengo a suplicarte
   que diuiertas tu passion,
   porque a quien le causan glorias,
   aliuio las penas son.

H2   Acom.

acompaña à tus tristezas,
sigue tu engaño, que yo
sè bien que te ha de pesar,
si a escuchar llegas la voz
del prudente desengaño,
que otras vezes te auisò,
que solo siruen tus penas
de escurecer tu valor.
Ya no pido que te cases,
que este estado es mueuat ruzo
à que se obligan las almas,
si el gusto no precedio:
solo te pido licencia,
para quitar la ocasion
de que Carlos quexes mi vida,
muera a manos del dolor,
tus penas le han de matar:
y ansi preuiniendo voy
que no llegue a esta desdicha,
ni yo a ver este rigor:
pienso señor que ha de ser
de su vida redencion,
enagenarse de verte,
carecer de tu fauor;
porque estando en tu presencia,
siempre que a verte llegò,
tus mismas penas le eran
saetas al coraçon;
y no viendote presente
me facilita mi amor
que ha de cobrar el contento
que en tus tristezas perdio;
el campo alegra, y diuierte,
y el rustico labrador
ofrece alli sin lisonjas,
sabrosa conuersacion:
alli viuerè con el,
donde podremos los dos
sin ocupar la memoria
con otra imaginacion,
salir conformes, y alegres
à ver madrugar al Sol,
y a ver despertar las aues,

que entonan dulze cancion;
tal vez el monte cercando,
rompiendo el viento veloz,
alcançaràn nuestras flechas
al suelto corço que huyò.
Esto a Carlos le conuiene:
tu soberano señor
nos dà licencia, y nos manda
salir de Napoles oy.
Esta merced me concede,
si mi llanto te obligò,
que estoruas la muerte à Carlos
y aumentas vida a los dos.
Car. O gloria de amor, ò exemplo
raro de firmeza, y fee:
la fama inmortal te dè
digno blason en su templo:
De solo aqueste vestido,
mi pensamiento entendio.
Tom. Que logro aqui se perdio
vn viurero marido.
Leop. Confusa el alma ha quedado;
buelua mi valor por mi,
Carlos de camino aqui,
ved los daños que he causado
el sentir vos mi dolor,
y el quereros ausentar,
no tienen igual lugar:
mas que amistad es rigor;
que el que se precia de amigo,
no ha de yr del amigo huyendo,
sino estar siempre assistiendo,
siendo al bien, y al mal testigo;
mas si puede mi cuidado
disculpa con vos tener,
aqui podeis conocer
la causa que me le ha dadò;
conoceis esta pintura.
Dale el retrato.
Car. Que es esto.
Leop. A quien le parece.
Car. El original ofrece.
presente ya su hermosura,

Leop.

Leop. Y quien es.

Car. Claudia.

Leop. Ella ha sido,
  Carlos causa de mi mal,
  y antes que el original
  viera, me turbo el sentido,
  este bosquexo, y en el,
  sin que a nadie parte diesse,
  ni a su dueño conociesse,
  cifrè mi pena cruel,
  hasta que a tu esfera el fuego
  llego, y ver mereci
  a Claudia, creciendo alli
  mi mortal desassossiego.

Tom. Rey en fin discreto, y sabio,

Rup. Prudente cautela ha sido.

Leop. Con esta industria he querido
  satisfacer à su agrauio;
  viue tu Carlos que ya
  mi pena, y dolor murio.

Car. Ya e l alma descanso hallò.

Leop. Y Claudia tan bien podrà
  pues ella este daño ha hecho
  agradezida à mi amor
  con la Duquesa, ni error
  disculpar, que ya en mi pecho
  viue, y el alma la adora.

Duq. Habla Fisberto por mi.

Fisb. La Duquesa mi señora
  es Claudia.

Car. Cielo piadoso.

Leop. Si es sueño, ay cielos!

Fisb. De amor
  son estremos.

Leop. Y es fauor
  q̃ a vn Rey puede hazer dichoso

Du. Temiendo encubiertos daños
  que en semejante ocasion,
  si se yerra la eleccion
  disfraçan torpes engaños;
  quise yo misma inquirir
  la dicha que he de gozar,
  si bien la llegue a dudar.

Leop. Dulce engaño,

Du. Si aduertir
  se llega, con la verdad
  te engañè, siempre de mil
  bastantes señas te di
  con segura voluntad.

Leop. Di que es el laurel, y palma,
  que se deue a mi firmeza.

Du. Esclaua soy de tu Alteza.

Leop. La mano te doy, y el alma.

Car. Conocer pudiera en ti
  esta encubierta deidad.

Isa. Danos tus pies.

Du. Leuantad,
  mis braços, honrada qui.

To. Vuestra Alteza satisfaga
  mi deuda.

Leop. No te han pagado.

Tom. La librança han aceptado,
  mas no se ha hecho la paga.

Du. Que es la deuda?

To. Tu diamante
  vendi al Rey.

Leop. A valer viene,
  mas si tal dueño en vos tiene,
  no ay paga que sea bastante,
  seis mil ducados Tomas
  mando que te den por èl.

Tom. En dinero, ò en papel.

Leop. En oro.

To. Como Rey dàs,
  que libranças de señores,
  nunca llegan a pagarlas,
  sin primero cercenarlas,
  Tesorero, y Contadores.

Isab. Carlos si de tu cuydado,
  de mi desprecio, y tu oluido,
  Leopoldo la causa ha sido,
  ya cesso, ya esta casado.

Carl. Premio es digno a mi lealtad.

Leop. Ya pues de veras te amè,
  dando fin tambien dirè,
  que engañe con la verdad.

FIN.   H3   Co.

LA DISCRETA ENAMORADA.

COMEDIA

FAMOSA

DE LOPE DE VEGA CARPIO.

Personas que hablan en ella.

Belisa viuda.   Leonardo su criado.
Fenisa su hija.   Geralda dama.
El Capitan Bernardo.   Doristeo Gentilhombre.
Luzindo su hijo.   Finardo su amigo.
Hernando.   Fulminato.

MVSICOS.

Salen Belisa viuda, Fenisa dama su hija.

Beli. Baxa los ojos al suelo,
porque solo has de mirar
la tierra que has de pisar.
Feni. Que no he de mirar al cielo?
Bel. No repliques bachillera.
Fe. Pues no quieres q̃ me assombre
crio Dios derecho al hombre
porque el cielo ver pudiera,

y de su poder sagrado
fue aduertencia singular,
para que viesse el lugar
para donde fue criado.
Los animales que el cielo
para la tierra crió,
miren el suelo, mas yo
porque he de mirar al suelo?

                              Bel.

Bel. Mirar al cielo podràs
con folo el entendimiento,
que vn honefto penfamiento
mira la tierra no mas:
La verguença en la donzella
es vn teforo diuino,
con ella a mil bienes vino,
y a dos mil males fin ella:
Quando quieras contemplar
en el cielo, en tu apofento
con mucho recogimiento
tendràs Fenifa lugar.
Defde alli contemplaràs
de fu grandeza el proceffo.
n. No foy Monja, ni profeffo
las liciones que me das:
y fi para atormentarme
me truxifte al Iubileo,
mas cumplieras tu defeo
pudiendo en cafa encerrarme:
dexarafme con diez llaues.

Bel. Eftremos hazes agora.
Fen. Pues no he de fentir feñora.
que por momentos me acabes,
con mis ojos vas riñende,
en que te dàn ocafion?
Bel. Por fer fanta la eftacion,
voy tus ojos componiendo,
y no recibas enojo,
que donzellas, y hermofuras,
fon como las criaturas
que fuelen morirfe de ojo:
Ay mancebete en Madrid,
que fi te mira al foslayo
harà el efecto del rayo.
Fen. El efecto me dezid.
Bel. Abrafarte el coraçon,
dexando fano el veftido.
Fen. Ya fabes tu que no he fido
de tan tierna condicion.
Bel. Dezia tu abuela honrada,
que vna donzella altanera,
era en la calle vna fiera

de caçadores cercada:
pierdefe quando la alaban;
rindefe quando fufpiran:
que quantos ojos la miran,
con tantas flechas la clauan.
Fen. Pues quando fe ha de cafar
vna muger nunca vifta.
Bel. Effo no ha de fer conquifta,
que es impoffible acertar.
Fen. Pues que ha de fer.
Bel. Buena fama
de virtud, y de nobleza.
Fen. Donde falta la riqueza
mucho la hermofura falta;
que ya no quieren los hombres
fola virtud.
Bel. Pues que?
Fen. Hazienda.

Salen Luzindo, y Gerarda, Hernando criado de Luzindo.

Ger. Que foy tu querida prenda?
Luz. Afsi es razon que te nombres
Ger. Galan de palabras vienes.
Luz. Ando al vfo.
Fen. Efte es Luzindo.
Ger. Luego preciafte de lindo?
Luz. De lindo, donayre tienes;
preciome de hombre.
Fen. Ay de mi!
locamente imaginè
poner en hombre la fee,
que con el alma le di,
no auiendo nacido del
la pretenfion de mi amor.
Ger. Para vn amante hablador
foy en las tretas cruel;
que conmigo no ay chaçota
dor vida del gufto mio.
Luz. De tus locuras me rio.
Ger. Que gato de argalia açota:
Por fu vida que no faque

H4 con

cō arrobas de rigor
vn adarme de mi amor.

Iu. Tu rigor mi amor aplaque,
que alauarte vna muger,
que paſſaua junto a ti,
no haziendo malicia en mi,
que delito puede ſer?
y ya te dixe que tu
eras mi querida prenda.

Ger. Vaya a poner eſta tienda
à las Indias del Perù,
todas eſtas niñerias
me cuentas, y de eſpejuelos,
para bouas ſon ançuelos,
no conmigo argenterias,
oro maziço de amor
me han de dar por plomo a mi.

Fen. Que a quien no ſabe de mi
amaſſe con tal rigor,
que no me conozca eſte hōbre,
y que me muera por el.

Salen Doriſto, y Finardo.

Fin. Por aqui la vi con el.

Do. Y es galan?

Fin. Es gentil hombre.

Do. Si ſon eſtos?

Fin. Eſtos ſon.

Ger. Ve aquel mancebo que viene.

Luz. Si veo.

Ger. Pues aquel tiene
de mis veras poſſeſsion,
quanto le dixe, es fingido,
quanto le quiſe, es burlando,
voyme que me eſtà aguardando.

Paſſaſe al otro.

Luz. Que harè.

Her. Moſquetazo ha ſido.

Luz. Quitarèle la muger?
acuchillarèlo Hernando?

Her. Quiereſla?

Luz. Eſtoy me abraſando.

Her. Agua ſerà meneſter.

que nadie merezca amar,
ſino es las libres mugeres.

Ger. Digo que mis ojos eres.

Do. Templando vàs mi rigor,
como acompañarte vi
eſte galan majadero,
preciado de Cauallero,
notable enojo ſenti:
mas en ver que le has dexado
braços, y gracias te doy.

Ger. Ven conmigo.

Do. Adonde?

Ger. Al prado.

Vanſe los dos.

Luz. Fueronſe?

Her. Con muchas prieſſa,
no te aflijas, que es martelo.

Luz. Quien es aquella?

Her. Rezelo,
que eſta vezina Feniſa,
pero tiene vna giganta
por madre, que es emprende
à Irlanda.

Fen. Nunca muger
ſe puſo a locura tanta,
a vn hombre que no me ha viſto,
ni ſe acuerda ſi naci,
quiero bien.

Luz. Nunca la vi.

Fen. Que mal mi inquietud reſiſto,
como le darè ocaſion
para que el roſtro me vea,
amor mil coſas rodea,
todas ſin remedio ſon.

Her. Si vieſſes eſta donzella,
te doy palabra ſeñor,
que oluides tu lo co amor,
porque es ſabia honeſta, y bella,
aunque no ſe que he penſado
de tu padre.

Luz. De mi padre?

Her. Pero quizà con ſu madre
caſarſe tiene penſado,

y aun

y aun es mas puesto en razon.
Luz. Casarse mi padre agora,
Her. Habla, y mira esta señora,
que es de rara perfeccion.
Luz. Lleuòme el alma Gerarda,
zelos me tienen sin mi,
que quieres que mire aqui.
Her. Esta hermosura gallarda.
Luz. No ay vista en hombre zeloso
todo le parece mal.
Fen. Ya he pensado traça igual
a mi disignio amoroso:
paslarè junto a Luzindo,
dexarè el lienço caer,
y al darmele podrà ser,
mire el alma que le rindo,
que si a los ojos me mira,
verà toda el alma en ellos.
Her. Mira aquellos ojos bellos,
donde amor de amor suspira.
Bel. Vamonos hija, que es hora
de recogernos à casa.
Her. Ya junto a nosotros passa,
mira su belleza agora.

Passa, y dexa caer el lienço.

Luz. Vn Angel me ha parecido.
Her. El lienço se le cayò.
Lu. Quedo, darèsele yo,
que boluais el rostro os pido.

Alça el lienço.

Fe. Que es señor lo que mandais.
Lu. Este lienço se os cayò.
Fe. A mi, sospecho que no,
pero espe rad.

Desenfadase toda, y descubrese.

Lu. Que buscais?
Fe. Si tengo en la manga el mio.
Bel. Que es esso?
Fe. En esta no està.
Bel. Que es esto?
Fe. El lienço me dad.
Bel. Pues es mio?
Lu. Gentil brio.

Fe. Esso es lo que ando mirando,
en esta no està tampoco.
He. Boluer puede vn hombre loco,
aquel mirar suaue, y blando.
Fe. Mirarè las faldriqueras.
Bel. Acaba.
Fe. Ya me doy priessa.
No està aqui.
Bel. Vamos Fenisa.
Fe. Ni en estotra està.
Bel. Que esperas.
Fe. Tiene vnas randas.
Luz. Si tiene.
Fen. Y encage?
Lu. No lo mirais.
Bel. Despacio en la calle estais,
donde todo el mundo viene.
Fe. Pues quiere v.m.
que lleue lo que no es mio.
Lu. Señora de vos le fio.
Fe. Hazeisme mucha merced.
Tiene vn poco descosido
de vna randa.
Lu. Si sospecho.
Fe. A que lado?
Bel. Es sin prouecho.
Lu. Sospecho que de vos ha sido.
Bel. Señor, dexanos passar,
poned el lienço en la pila
del agua bendita.
Fe. Asila amor
tu flecha al tirar.
Bel. Vamos.
Fe. Yo voy.
Her. No es hermosa?
Lu. Zelos, porque me cegays.
Buelue Fenisa. Ha señor:
Luz. Que me mandais?
Fen. Aduertiros de vna cosa,
si de aqueste lienço acaso
parece mas cierto dueño,
que mi palabra os empeño,
iba à dezir que me abraso. *Ap.*
que

que no sè cierto ſi es mio:
direis que viuo en la calle
de los jardines.
Her. Que talle,
que gracia, que rico brio.
Fen. Enfrente del Capitan
Bernardo Luzindo.
Luz. El miſmo
es mi padre.
Fen. Ay dulze auiſmo
donde abraſandome eſtàn.
Bel. Eſtàs loca.
Fen. Ya me voy,
que aqueſte hidalgo dezia
que es mi vezino.
Bel. Porfia, vamos.
Fen. Que perdida eſtoy.

Vanſe las dos.

Her. Que te parece?
Luz. Que es bella,
cortès diſcreta, y gallaada;
mas quiero bien a Gerarda,
y vaſe el alma tras ella,
zelos, es ſuelo traidor,
resbaladizo de fuente,
que harà caer al mas fuerte
en los lodos del amor:
terrible coſa es mirar
vna muger deſdeñoſa,
hablar otro hombre zeloſa,
quando ſe quiere vengar;
aunque mi amor fuera poco,
que poco deue de ſer
ver tan libre vna muger,
baſtaua boluerme loco.
Her. Mugeres libres ſeñor,
ſon ſiempre las mas queridas,
y aun iba a dezir perdidas,
pues han perdido el honor:
llora la muger honrada
el ſiempre injuſto deſden
del hombre que quiere bien,
y a el no ſe le dà nada,

porque ſabe que ha de eſtar
pudriendoſe en ſu apoſento;
pero quando el penſamiento
ſe pone aqui, no ay burlar,
que apenas con los enojos
ſacaràs de caſa el pié,
quándo conſolada eſtè
con mil hombres a tus ojos.
Luz. Por eſſo el amor no dura
en libres, ſino en honradas.
Her. Cuelgan de zelos, y eſpadas
hombres de poca cordura,
quiero dezir poca edad,
ya eſpero verte algun dia
lexos de aqueſta porfia,
y cerca deſta verdad.
Luz. Hartas cauſas me retiran.
Her. Vna muger libre, y loca,
es como mona, que coca
a los niños que la miran:
pero quando llega el hombre
que tiene gouierno y palo;
eſpulgale con regalo,
y no ay voz que no le aſſombre,
a los moços ſin conſejos,
las mugeres hazen cocos,
porque ſon niños, y locos:
no al hombre maduro, y viejo;
ya te ha viſto en los ançuelos;
y aunque no puede ſacarte,
alarga cuerda, con darte
zelos, zelos, y mas zelos.
Luz. Que he de hazer?
Her. Buſcar ſeñor
vna bella cifra.
Luz. Luego el amor ſe deſcifra.
Her. Si
Luz. Con que.
Her. Con otro amor.
Luz. No tratèmos de eſſo agora,
vamos a ver en que para.
Her. Vès como es coſa muy clara
que con zelos te enamora,

que

que bien Lucindo vn diſcreto,
cañas de peſcar las llama,
peſcan honra, hazienda, y fama;
aunque cañas en efecto,
no te afrentas que vna coſa,
que à todo viento blandea
para eſtriuarte ſea
enemiga poderoſa,
à tu hazienda pone cebo:
de zelos haze ſedas;
pues como que en hilo igual,
cuelgue vn diſcreto mancebo!
Lo que aquel Sabio dezia
por las leyes: muy mejor
por la muger de amor,
agora dezir podia,
ſon como telas de araña,
peſcan moſcas, debil gente,
mas no el animal valiente,
que la rompe, y deſmaraña,
afrentate de que yo
te enſeño el viuir.

Luc. No ſeas
peſado, mientras me veas,
donde el amor me enlaçò
de aquella tela de araña.
ſoy moſca.

Her. Y que moſcatel.

Luc. Ya ſoy pez ſimple, y fiel
del cebo de aquella caña,
vamos boluerela à ver,
que me ha picado en el dedo,
del coraçon.

Her. Tengo miedo,
que algo te ha de ſuceder.

Luc. A ver buelto mis enojos.

Her. Ieſus que necios deſvelos.

Luc. Diome pimienta de zelos,
voy à beber por los ojos.

Vanſe, y ſale Beliſa, y Feniſa.

Bel. Haſte quitado tu manto?

Fen. Quitado ſeñora eſtà.

Bel. Pues toma eſſe manto allà.

Fen. De tu colera me eſpanto,
valgame Dios! que te hago,
con qualquier coſa te ofendo.

Bel. Tu pienſas, que no te entiendo,
yo tengo mi juſto pago,
ſi yo te cerraſte en caſa,
pocas vezes me dareis
eſtos diſguſtos.

Fen. Los dias,
que eſto por milagro paſſa,
que al fin ſon de vn jubileo:
tan caros me han de coſtar,
que te tengo de rogar
que me encierres.

Bel. No lo creo.

Fen. De que te quexas de mi,
que ſiempre me andas riñendo.

Bel. De tu libertad me ofendo.

Fen. Libertad.

Bel. Yo no lo vi.

Fen. Que mancebo me paſſea
deſtos que van dando el talle,
que ojos deſde la calle
me arroja, porque le vea?
que ſeña me has viſto hazer?
en la Igleſia quien me ſigue,
que à eſtar zeloſa te obligue?
que vieja me vino à ver?
que villetes me has hallado
con palabras deshoneſtas,
que pluma para reſpueſtas?
que tintero me has quebrado?
que cinta que no ſea tuya,
ò comprado por tu mano?
qu e chapin! que toca?

Bel. En vano
quieres que mi honor te arguya,
no me quexo de que ſea
verdadera la ocaſion.

Fen. Pues que es eſto? preuencion.

Bel. Mi honor es tuyo, deſea,
querria que te guardaſſes.

deſſo

deſto miſmo que me aduiertes,
y que à eſtas puertas mas fuertes
nueuos candados echaſſes.
Fen. Tanto me podràs guardar.
Bel. Que dizes.
Fen. Que harè tu guſto,
pero cauſame diſguſto,
tanto gruñi, y encerrar,
fuiſte ſanta por tu vida
en tu tierna edad?
Bel. Fuy exemplo,
en caſa, en calle, y en Templo
de vna muger recogida,
los ojos tuue con llaue.
Fen. Como te caſaſte.
Bel. El Cielo
vio mi virtud, y mi zelo,
que el cielo todo lo ſabe.
Fen. Mi tia me dixo à mi,
que hazias mil oraciones,
y andauas por eſtaciones.
Bel. Yo para caſarme?
Fen. Si,
y mil Viernes ayunauas,
à vn Padre del yermo igual,
y haziendo eſto, es ſeñal
que caſarte deſeauas.
Bel. Nunca tal imaginè,
miente por tu vida y mia,
que antes Monja ſer queria,
y ſin guſto me caſè.
Fen. Pues como fuiſte zeloſa
de mi padre, que Dios aya.
Bel. Porque no auia joya, ò ſaya,
plata en caſa, ni otra coſa
que no dieſſe à cierta dama,
hazia aquel ſentimiento
por voſotras.
Fen. Golpes ſiento.
Bel. Mira Feniſa quien llama.
Fen. Por entre la reja vi
el Capitan tu vezino.
Bel. Ya lo que quiere adiuino.

Fen. Ya lo ſabes, como anſi?
Bel. Ya dias, que dà en mirarme,
creo que me quiere bien:
yo le he moſtrado deſden,
y querrà en bodas hablarme,
y por tu vida Feniſa,
que no me eſtuuieſſe mal,
que es vn hombre principal.
Fen. Perdona, madre, eſta riſa.
Bel. De que te ries?
Fen. De ver
la ſantidad que tendrias,
quando mas moça ſerias,
que exemplo deuio de ſer,
en caſa, en calle, y en Templo,
de llamar el Capitan
eſtos boſtezos te dàn,
tomar quiero el buen exemplo.
Bel. Loca? es vn hombre muy rico,
y eſta caſa eſtà ſin hombre,
ſeràte padre en el nombre.
Fen. Que me eſcuches te ſuplico,
es para guardarme à mi.
Bel. No es otra mi preuencion,
que ver en caſa vn varon,
que te guarde, y honre à ti.
Fen. Pues caſame a mi primero,
y guardeme mi marido.
Bel. Quando ſe huuiera ofrecido
lo hiziera, y hazerlo eſpero.
Fen. Yo en los terminos te arguyo.
Bel. Eſte guardara tu honor.
Fen. No me guardara mejor
mi marido, que no el tuyo.
Bel. Hijo tiene, y ſer podria
concertar eſto tambien.
Fen. Ay mi Lucindo, y mi bien,
quien vieſſe tan dulze dia.

Sale Bernardo viejo, muy galan con ſu
gorra de plumas, eſpada, y daga, en fin
como Capitan a lo antiguo.
Cap. Como en ſalirſe tardauan,

la

la licencia no aguarde,
porque en esso imagine,
señoras que me la dauan,
fuera de que el ser vezino,
desde que vine de Flandes
me alienta a cosas mas grandes,
Bel. Lo que me quiere imagino,
agrauio se nos hiziera,
si v.m. no entrara,
y en esta casa mandara,
como si en la suya fuera:
llega estas sillas Fenisa.

Sientase el Capitan.

Cap. Vosotros salios allà
Bel. Pena Fenisa me dà
que me cogiesse depriessa,
està bien puesta esta toca?
Fen. Nunca mejor te la vi.
Bel. Tengo alegre el rostro,
Fen. Si.

Bel. Parecete que prouoca?
Fen. Si madre.
Bel. A que?
Fen. A deuocion.
Bel. Maldita seas, Amen,
nunca me has querido bien.
Fen. O santas de priuaciõ,
quando no pueden comer,
les pesa de ver con dientes
a las otras, que esto intentes,
no me espanto, eres muger.
Bel. Oy me descuide en prenderm?
vn poquito de salud.
Fen. No tengas tanta inquietud,
Bel. Como?
Fen. Tu galan se duerme.
Bel. Aora bien, voy assentarme,
Fen. La verguença de su amor
te darà madre color.

Sientase Belisa.
Bel. Ya señor podeis hablarme.

Cap. Belisa, el ser vezino, que en efeto,
me obliga a reparar en vuestra casa;
de su virtud me ha dado buen concepto,
veo tarde, y mañana quanto passa,
tras esto sè de coro su nobleza,
como suele informarse quien se casa:
y como la virtud, y la belleza
sean despertadores del sentido,
aunque duerme la edad con mas pereça,
yo me animado a daros vn marido,
tal como yo que tengo menos años
de los que aueis de verme conocido:
sino que esto de andar Reynos estraños,
con las armas dormir en la Campaña,
caminos, velas militares daños,
correr la posta a Flandes desde España,
consumen la robusta gallardia,
que los floridos años acompaña:
Dios aya a Carlos Quinto, que dezia,
que la posta, y la mar le enuexecieron,

quan

quando apenas quarenta y seis cumplia:
yo naci el año de sesenta, y fueron
el Duque, y la Duquesa mis padrinos,
cuyas Aluas tal luz à España dieron:
Heme hallado en jornadas, y caminos,
que si fueran de bronce me acabaran:
en fin señoras somos oy vezinos,
mucho los viejos vna casa amparan,
los moços son polilla de la hazienda,
que vnos andar comiençan, y otros paran,
mi edad no es bien vuestra virtud ofenda,
que estoy muy agil, fuerte, como, y duermo,
y sè a vn cauallo gouernar la rienda;
yo pienso que en mi vida he estado enfermo
solo mano enemiga me ha sangrado,
y vn desafio publico en Palermo:
esse hijuelo que tengo es bien criado,
mañana le daràn vna vandera,
y vn Abito le tengo negociado;
no darà pesadumbre.

Fen. A Dios pluguiera
que ya estuuiera en casa.

Cap. Finalmente
se irà Luzindo por momentos fuera,
suplicoos pues Belisa humildemente,
que me deis a Fenisa vuestra hija,
que yo pienso dotarla honestamente,
para que ella gouierne, mande, y rija,
no poca hazienda, que ganò mi espada,
sino es que mi cansada edad la aflija,
que muy presto verà que no es cansada.

Bel. A mi hija Capitan
me pide v. m.

Cap. Y tendrè à mucha merced,
si essas manos me la dan.

Fen. Triste de mi, que es aquesto,
pensè que à mi madre amaua,
y que ya Luzindo estaua
a mi remedio dispuesto;
sueño fue mi fantasia
en vna ocasion tan alta,
pues la gloria que me falta

soñaua yo que tenia.

Bel. Pensè que vuestro deseo
a quererme se inclinaua.

Cap. No Belisa.

Bel. Alegre estaua,
y lo estoy de lo que veo;
hija ya ves su intencion.

Fen. La fee que tuue en mi bien
me hizo tener tambien
alegre mi coraçon:
mas como era fee engañada

del

del sueño que imagine,
fee falsa, y fingida fue,
fee traidora, y fee burlada,
fee de vn sueño, que dormida,
y si soñada ha de ser,
yo juro de no creer
mas a la fee, madre mia,
pense que fuerades vos
la nouia del Capitan.
Bel. Lexos sus intentos van,
y estoy corrida por Dios.
Fen. Ay sueño de mi aficcion,
que bien, pues que me engañe,
por vuestras burlas dire,
que los sueños, sueños son.
Bel. Fenisa, aunque estoy corrida
de auer pensado casarme,
no lo estoy de imaginarme
de tu verde edad vencida,
discreta eres, procura
persuadirte a lo que ves.
Fen. Si a tu edad vence interes,
a mi edad vence hermosura,
los viejos que aueis gozado,
vuestros años atendeis.
a lo que gozar podeis,
con abariento cuydado,
quereis regalo, dinero,
descanso, y ociosidad;
y embidiando nuestra edad,
esto pretendeis primero,
desobedecerte fuera
cosa indigna a mi virtud,
pero faltame salud,
el termino considera,
y pidele por vn mes,
mientras lo concierta todo.
Bel. Yo lo sabre hazer de modo,
que muchas gracias me deis.
Llegan a hablar.
Fen. Discreta he sido en dezir,
que este casamiento acepto,
pues de mi amor el efetto

pudo por el conseguir,
que si luego le negara,
y con disgusto se fuera,
tarde a mi Lucindo viera,
tarde a mi Lucindo hablara,
con entrar su padre aqui,
aura comunicacion.
Hablan los dos a solas.
Cap. Todas estas cosas son
de gran gusto para mi,
el termino acepto, y digo
que vn mes la quiero esperar,
pero dexamele hablar.
Fen. Que notable intento sigo.
Cap. Nunca desta discrecion,
en Madrid tan celebrada,
salio mi Fenisa amada
mas cuerda resolucion,
tu virtud he confirmado,
que no apetecer tu edad,
muestra bien la calidad
de este pensamiento honrado,
hare de oy mas, pues me honras
tanto, el saber que te igualo,
vn padre de tu regalo,
y vn Alcaide de tu honra,
y dandome Dios salud,
esta misma barua anciana,
seruira de barua cana
al fuerte de tu virtud,
y si esta nieue no trata
bien el juuenil decoro,
estos cabellos de plata,
suplire en regalo, y galas,
los defectos de la edad
con tu honor y calidad.
Fen. Señor mis años igualas,
que dexa la humildad aqui,
pues ya soy tuya.
Cap. Soy tuya dixiste:
Fen. Si, ya no es suya
quien se ha de llamar de ti.
Cap. Otro fauor, pesiatal,

no fuera en Flandes aquefto,
para que fe echara el refto
con vn feftin general,
torneo aula de auer,
por vida del Capitan,
y fi licencia me dan,
en Madrid le pienfo hazer.

Fen. Suplicoos, por vida mia.
la Corte no alboroteis.
Cap. Hare lo que me mandais,
dulze efpofa, y prenda mia,
mas fino fuera por vos.
Fen. Vn poco tengo que hablaros?
Cap. Yo mucho que regalaros.

Fen. Mil años os guarde Dios,
yo no fabia que era vueftro hijo,   *Aparte.*
Lucindo vn Cauallero que folia
entraren vueftra cafa algunas vezes;
mi madre me lo dixo quando entrauades;
y pues es vueftro hijo, y vos mi efpofo,
que lo fereis, fi Dios fuere feruido,
y me diere falud para gozaros.
Cap. Que palabras tan dulzes, por Dios viuo,
que el Sol de aquella boca de claueles,
la nieue de las canas me derrito.
Fen. Digo feñor, que importara atajarte
la loca pretenfion con que me firue.
Cap. Mi hijo os firue?
Fen. Si el feruirme fuera
con la cordura, y cortefia licita
à vna muger de mis iguales prendas,
no me quexàra con melindres vanos,
que nunca me precie de gufto hipocrita.
Cap. Pues como os firue.
Fen. Con papeles locos,
por manos de terceras, que a mi cafa
viene con mil achaques, y inuenciones,
echando mil amigas por terceras,
y en todo aquefto, ni por penfamiento
fe le acuerda à tratar de cafamiento.
Cap. Es loco el moço, perdonalde os ruego,
que yo faldre fiador, que no os enoje
de aqui adelante.
Fen. Pues que ya es mi hijo,
os fuplico feñor, que cuerdamente
le digais, que me quexo defte agrauio,
y fiolo de vos, pues fois tan fabio.
Cap. Dexame effe cuydado, el Cielo os guarde
Belifa, yo le he dicho à mi Fenifa.

que pienso regalarla,y que no quiero
vida por otra cosa,a Dios te queda,
que yo boluere a verte;pero aduierte,
que me has de dar licencia para verte.

*Bel.*Guardese el cielo ,gran ventura ha sido
Fenisa la que el cielo nos ha dado.

*Fen.*Estas contenta?

*Bel.*No lo ves.

*Fen.*Sospecho,
que disimulas el pesar que tienes.

*Bel.*Como?

*Fen.*Porque quisieras tu casarte.

*Bel.*Malicia tuya, ven.

*Fen.*Ay mi Luzindo,
sino me entiendes,con aqueste enredo,
no eres discreto,ni en Madrid nacido,
mas si me entiendes,y a buscarme vienes,
tu naciste en Madrid,discrecion tienes.

Vanse, y salen Luzindo,y Hernando.

*Luz.*Aun no sale aquel galan.

*Her.*Que es salir;esta despacio.

*Luz.*Mis zelos no me le dan.

*Her.*Es esta casa vn Palacio,
mostrando se le estaran,
en solo ver niñerias
ay dos semanas enteras:
andaràn las galerias;
mejor estè yo en galeras
que la siruiera dos dias.

*Luz.*Si en galeras de Geralda
anda al remo este d'enoso,
que agora en salir se tarda;
no se ye qual embidioso
à la ribera le aguarda:
ay de mi Hernando, que quiero
vna muger diestra,astuta,
de amor vano,y lisongero,
despejada,y resoluta,
y con vna alma de azero.

*Her.*Que el amor cause aficion
esta muy puesto en razon;

pero que el ser ma y querido,
descuido engendre,y oluido,
efectos bastardos son.

*Luz.*El sale,y ella se ha puesto
a la ventana.

*Her.*Querrà
verle galan,y dispuesto.

*Gerarda en el alte, y Doristeo sale con
Finardo.*

*Ger.*Luzindo en la calle està.

*Luz.*Tantas desdichas, que es esto?

*Do.*No es gallarda?

*Fin.*Es estremada,
que discreta,y que cortès.

*Do.*Todo en tu talle me agrada.

*Fin.*Si es este Luzindo?

*Do.*El es.

*Fin.*Si viene a sacar la espada.

*Do.*Venga a lo que mas quisiere,
yo sè que es aborrecido.

Ger.

Ger. Zeloſo eſtà, deſeſpere,
que por deſdenes, y oluidò,
yo sè lo que vn hombre quiere:
mas para picarle más
quiero hablar con Doriſteo,
à quien no quiſe jamas,
que por abreuiar rodeo,
y por ſaltar bueluo atras:
Ha Cauallero?

Luz. Es a mi?

Ger. No os llamo ſeñor a vos.

Do. Y a mi ſeñora.

Ger. A vos ſi.

Luz. No ves aquello.

Her. Por Dios,
que es infamia eſtar aqui.

Luz. Buſcarèmos inuencion
para que entienda que vengo
aqui con otra ocaſion.

Ger. Salir eſta noche tengo,
acompañarme es razon.

Do. Donde ireis?

Ger. Pienſo que al prado
Venid por mi.

Do. Yo vendrè.

Luz. Ir al prado han concertado.

Her. Tu fueras mejor afè,
tus miſmos ſelos te han dado.

Do. Que me mandais mas.

Ger. Seruiros.

Do. A Dios.

Fin. No nos quieren nada.

Do. Puedo irme?

Fin. Podeis iros.

Vanſe las dos.

Luz. Que no he ſacado la eſpada
haziendome tantos tiros,
pues viue Dios que he de darte
zelos, por ver ſi con zelos
puedo a quererme obligarte,
ya que no quieren los cielos,

que pueda amando obligarte.

Her. Como ſe los pienſas dar.

Luz. Quiero eſta noche lleuar
al prado alguna muger,
adonde me pueda ver,
hablar, requebrar, y amar.

Her. Y quien ha de ſer?

Luz. No sè.

Her. Hallarla ſerà impoſsible.

Luz. No importa, yo te pondrè
vn manto.

Her. Doña Terrible
me podràs llamar.

Luz. Si harè.

Her. Eſtàs loco.

Lu. Pues que importa.

Her. No importa ſi topo acaſo
gente de palabras corta?

Lu. Saldrè yo muy preſto al paſſo,
Hernando la voz reporta,
llega, y habla eſta muger,
pregunta ſi vio vnas damas.

Her. Bien dizes, dexame hazer,
pues no agradas, porque amas,
zelos ſeràn meneſter:
Ha mi ſeñora Gerarda.

Ge. Eres tu Hernando.

Her. Yo ſoy.

Ge. Tengo que hazer.

Her. Oye, aguarda,

Ger. Por ti en la ventana eſtoy.

He. Eres diſcreta, y gallarda.

Ge. Que quieres.

Her. Saber querria
En que caſas deſtas viue
cierta doña Eſtefania,
porque vn loco no me priue
de la racion deſte dir,
que me la mandò ſeguir,
y la perdi por mirarte.

Ge. O que gracioſo fingir,
digale a ſu Daranda te,
que me ſuelo yo reir,

de tretillas tan groseras:
A mi señor Efaltenebros,
para que son las quimeras,
tiene que zelos en requiebros,
lleguese, hablemos de veras:
de que se finge valiente
si está de verme temblando:
muestre el pulso, aer la frente,
Iesus que se está abrasando,
que temerario accidente:
Ola, llena aquel zeloso
dos tragos de agua de açar.

He. Macacao.

Ger. Cuento donoso,
el me viene a martelar.

Lu. Corrido estoy.

He. Yo furioso,
conoces algun Poeta.

Luz. Para que?

He. Para embiar
vna satira en receta
a esta bruxa, ò hazle dar
vna hermosa cantoleta,
aya pandorga esta noche,
yo comprarè los cencerros,
aunque hasta el Alua trasnoche,
aya sabanas, y entierros,
campanillas, hacha, y coche.
Viue Dios.

Lu. Calla ignorante,
à mi bien, a mi Gerarda.

Ge. Llamas.

Vase.

Luz. Quitate delante,
adonde te vàs, aguarda;
oye la voz de tu amante,
para que es matarme ansi?

Her. Viue Estefania aqui.

Lu. Quieres callar bestia.

Her. No;
por aqui pienso que entrò.

Luz. Mi bien, duelete de mi.

Her. Tu padre.

Lu. Valgame el cielo.

Sale el Capitan.

Cap. Todo oy ando en busca tuya.

Luz. Lo que me quieres rezelo,
que no es mucho que te arguya
de mi inquietud, y desvelo:
pero aduierte padre mio,
que querer vna muger,
no es en mi edad desvario,
antes señal de tener
generoso talle, y brio:
Si es porque no es muy honrada.

Cap. Como, que honrada no es?
lengua en escorpion bañada,
mereces besar sus pies,
ni aun tierra dellos pisada.

Luz. Estoy con enojo aora
de mil zelos que me ha dado
con yn hombre, ò dos que adorà

Cap. Que dizes de hombre adorado,
y tan principal señora:
pero diraslo por mi,
a quien deue de adorar.

Luz. Que tambien te quiere a ti?

Cap. No la merezco agradar?

Luz. Si señor.

Cap. Mas es el si?

Luz. Pesame que hables con ella,
que es muger que a veinte trata.

Cap. Tu lengua pones en ella,
porque de zelos te mata,
siendo tan noble donzella:
Viue Dios, que sino fuera
por no dexar de casarme,
que vna estocada te diera.

Luz. Casarte, esto si es matarme,
padre, señor, considera.

Cap. Que deuo considerar.

Lu. Que es vna muger de amores.

Cap. Dado me ha que sospechar,
pero poneme temores,
por estoruarme el casar.

L 2   CO.

como el que con los espejos
puestos al Sol, da en los ojos
al que viene desde lexos.
Quiere el necio darme enojos
con estos vanos consejos:
mas quiero boluerle hablar,
y dezirle esta respuesta,
que me ha dado que pensar.

Vase.

Her. Que te parece.
Luz. Oy me tengo de matar,
   rompe aquessas puertas.
Her. Aguarda.
Luz. Sale aqui infame Gerarda.
Her. Con mas tiento, espera vn poco
   golpes en mi casa, loco.

Sale Gerarda.

Luz. Que respeto me acobarda
   que no te quito la vida.
Ger. Daguita, ô que lindo quento.
Luz. Tu con mi padre fingida,
   has tratado casamiento.
Ger. Tracilla es escogida,
   si para boluer acà
   buscas embustes Luzindo,
   esto en que razon està.
Luz. Porq en mirarte me rindo,
   porque no te mato yo;
   no viste a mi padre aqui;
   pues el me ha dicho como el,
   que para matarme ami
   quieres casarte con el.
Ger. Yo, que en mi vida le vi,
   diote la industria este necio,
   para tener ocasion
   de hablarme.
Her. menos desprecio,
   que no es aquesto inuencion,
   sino verdad,
Ger. No hablar rezio.
Her. Porque no con la verdad,

hable baxo la mentira,
la verdad con libertad.
Ger. Tu desverguença me admira.
Luz. Y a mi tu temeridad,
   quando viste al padre mio,
   donde te hablò?
Ger. Que es aquesto?
   ay mas loco desvario.
Luz. Possible es q has descōpuesto
   sus canas con esse brio,
   demonios sois las mugeres.
Ger. Muy Angeles son los hōbres,
   Luzindo, para que quieres
   disfraçar con essos nombres,
   que por mis desdenes mueres:
   que padre es este, no aduiertes
   que entiendo tus inuenciones.
Luz. Plegue a Dios tā mal aciertes
   en casarte, ya que pones
   mi vida entre tantas muertes:
   que te viua dos mil años
   el viejo por quien me dexas
   en tantas peñas, y daños:
   y a quien por ojos, y orejas,
   le has dado hechiços, y engaños.
   Plegue a Dios, mas q inhumanas,
   maldiciones puedo hazer
   mas que verte las mañanas,
   como sierra amanecer
   con la nieue de sus canas.
   Que mas que ver vn anciano
   a tu lado hermoso, y tierno,
   de tu belleza tirano,
   que gentil yelo en Inuierno,
   y que espantajo en Verano.
   A Dios madrastra cruel,
   que presto estando con el
   te pesarà el ver en vano,
   que te besé yo la mano,
   y que tu la boca a el:
   Iesus que mala eleccion.
Ger. Hernando es esto de veras,
   ò vuestras quimeras son.

                    Her.

Hern. Ojala fueran quimeras,
Ger. Ya entiendo vuestra intenció,
oisteisme concertar,
ir al prado aquesta noche,
y que reísmelo estoruar,
pues por Dios q̃ ha de auer coche
y quien nos venga a cantar,
piquen por hazerme gusto
en casa de Estefania.
Luz. Mate rete.
Ger. Ay Dios que susto.

Vase.

Hern. Entrose.
Luz. Cerraste Arpia,
mal aya amor tan injusto,
abre esta puerta mi bien,
azecha por esta llaue
si sus criadas se ven.
Her. Que bien engañarte sabe.
Luz. Matarme sabe tambien.
Her. Al viejo ha desuanecido
para darte mas enojos.
Luz. Liuiano en estremo ha sido,
mas que no podràn tus ojos,
dulce Argel de mis sentidos,
estaste aqui todavia?

Sale el Capitan.
Luz. Pues esso señor te espanta,
si con la muger que adoro,
en essos años te casas,
es mucho que me despida
destas puertas, y ventanas,
si mañana han de ser tuyas,
y oy su dueño me llamauan.
Cap. Pienso q̃ te has buelto loço,
dixisteme mil infamias,
de aquel Angel de Fenisa,
hija de belisa honrada,
voy las hablar, y por poco
saliera traidor sin cara,
que ayuda de verguença,
no era menester cortarla.

yo tengo muger mas noble
que tu madre.
Luz. De quien hablas?
Cap. De Belisa,
Luz. Pues señor
Fenisa es donzella, y basta,
que la que yo te dezia,
es Gerarda cortesana,
que viue en este balcon.
Cap. Que sieñd que ver Gerarda
con Fenisa.
Luz. Yo señor
en aquesta calle estaua,
quando me reprehendiste,
de que amaua aquella dama.
Cap. Otro enredo auràs pensado,
con aquella buena cara
de tu criado.
Hern. Yo enredo?
siempre piensas que te engañan
propia condicion de viejos.
Cap. Niega Lucinda, que amas
à Fenisa.
Luz. Yo señor.
Cap. Luego tampoco la cansas,
con papeles, y alcaguetas,
pues en este punto acaba,
de dezirme que antenoche,
por aquella rexa baxa,
en frente de tu aposento,
muy tierna llegaste a hablarla.
Luz. Yo papeles, yo alcaguetas,
yo por rexa, ni ventanas?
Hernando.
Cap. Que buen testigo,
falsos ojos, lengua falsa,
falsa la cara, y la boca,
falso el pecho, y falsa el alma,
pues mira lo que te auiso,
viue el cielo, que si passas
por su puerta, ni la miras,
ni por la rexa la llamas,
que para siempre jamàs,

I 3

haste salir de mi casa.

Lu. Escuchame.

Cap. Para que.

Lu. Escuchame vna palabra.

Cap Que palabra.

Lu. Que la digas,
que si ha de ser mi madrasta
no comiences antes de serlo,
pues aun agora lo tratas
a hazerme mal con tus obras.

Cap. Quita necio.

Lu. Aduierte.

Cap. Guarda.

Vase.

Lu. Que es esto triste de mi,
testimonios me leuanta,
antes que su rostro vea.

Her. No es aquesta aquella dama
que te miro tiernamente,
quando el lienço de las randas.

Lu. La misma.

He. Pues que me maten,
sino es enredo que traça
enamorada de ti.

Lu. Que me cuentas.

He. Lo que passa:
Yo lei quatro renglones
en sus ojos, de vna carta,
que al darte el lienço escriuio,
a tu ausente pecho, y alma:
dexòle caer adrede,
si la vista no me engaña,
y lo que a tu padre dize.
de que la escriues, y cansas,
es dezirte, que la escriuas.

y que por las rexas baxas,
vengas a hablarla de noche.

Luz. Cosas me dizes estrañas.

Her. Que se pierde en q̃ las prueues

Luz. No se pierde Hernando nada,
que esta donzella podria,
con su bellissima cara,
con su rico entendimiento,
con su voluntad esclaua,
desamartelarme el pecho,
despicarme de Gerarda:
vamosla hablar esta noche,
que si es verdad que me llama
con esta industria que dizes,
es la cosa mas gallarda
que ha sucedido en el mundo.

Her. Mucho importa enamoralla,
assi por dexar del todo
esta fementida ingrata,
como porque nos perdemos
si el viejo otra vez se casa:
y si se quiere casar,
que cosa mas acertada,
que con su madre Belisa,
desta bellissima dama.

Lu. Si me quiere Hernando mio,
te mando ropilla, y calças.

Her. Bien puedes darmelas luego

Lu. Pues con discrecion tan alta
supò engañar a dos viejos
de edad, y experiencia tanta,
y enamorada de quien
apenas le vio la cara,
ha dicho su pensamiento,
y le han entendido el alma:
bien la podemos llamar
la discreta enamorada.

IOR-

IORNADA SEGVNDA.

Salen Doristeo, Finardo en habito de noche , Gerarda con reboziño, y sombrero, Liseo, Fabio, y los Musicos.

Do. Notable frescura.
Fin. Estraña.
Ger. Mucho de sus fuentes gusto.
Do. No ay sitio de tanto gusto
   Gerarda bella en España.
Ge. Que lindas taças.
Do. Famosas.
Ger. Con perlas brindando estàn,
Do. Que liberales que dàn
   sus aguas claras, y hermosas:
   haste olgado de venir.
Ge. Basta venir a tu lado.
Do. Sentemonos.
Fin. Todo es prado .
Do. Assi se suele dezir.
   Templaron vuessas mercedes.
Lise. La prima se me baxò.
Ge. Subilla.
Do. Esto digo yo.
Fab. Comienço.
Do. Començar podeis.
Fab. Que diremos.
Do. La de Lope,
   por vida del buen Liseo.
Lis. La del suspiro, y deseo.
Fin. A fee que ay bien donde tope.

     Cantan.

Quando tan hermosa os miro,
de amor suspiro:
y quando no os veo,

suspira por mi el deseo:
quando mis ojos os ven,
van a gozar tanto bien:
mas como por su desden
de los vuestros me retiro,
de amor suspiro:
y quando no os veo,
suspiro por mi deseo.

   Salen Luzindo, y Hernando.

Lu. Dixeron que lleuarian
   quien cantasse.
He. Ellos seràn
   pues aqui cantando estàn.
Lu. Ni cantan mal, ni porfian.
He. Cessaron como las aues,
   luego que alguno se acerca.
Lu. Llega, y miralos mas cerca.
He. Plegue a Dios señor, q̃ acabes
   de ser necio.
Lu. Sino es hora
   para hablar con mi Fenisa,
   que importa, pues todo es risa.
He. Zelos rien, y amor llora:
   yo passo a lo Cauallero
   por delante, espera aqui.
Lu. Yo aguardo.
Fin. Que mira ansi
   este necio majadero.
Do. Algo deue de buscar,

     I 4   *q̃*

qüe de casa se le fue.

*Ge.*Canta solo.

*Lis.*Cantare.

*Ge.*Si pero no has de templar.

*He.*En la voz le conoci.

*Luz.*Luego es guarda.

*He.*Sin duda.

*Luz.*Ay.

*He.*Es menester ayuda.

*Luz.*Y el otro es su galan.

*He.*Si.

*Luz.*Triste de mi.

*He.*Que tenemos,
date por ventura el parto.

*Lu.*Mientras mas de ti me aparto
mas me acerco.

*Her.*Sin estremos,
que te podrà conocer

*Luz.*Està en su regazo.

*Her.*Y como.

*Luz.*Zelos por los ojos tomo,
Ya el alma comiença a arder,
ò veneno que desalmas
la vida con tus enojos,
siendo la copa los ojos
donde le beuen las almas:
nunca yo viniera acà.

*Her.*Vamonos de aqui señor,
no es aquel Angel mejor,
que esperandonos està.

*Lu.*Qual Angel?

*Her.*Fenisa bella.

*Her.*No estoy para hablar agora,
con Angeles.

*He.*Si te adora,
no serà justo querella

*Lu.*Essa peligro no corre,
que como es amor primero,
estarà con otro Ero
aguardandome en la torre,
pero esta que està en los braços
deste venturoso amante,
si me descuido vn instante
harème el alma pedaços.
Traes el manto.

*He.*Pues no.

*Lu.*Pontele.

*He.*Gran mal rezelo.

*Lu.*Haz saya del herreruelo.

*He.*Yo muger, tu dama yo.

*Luz.*A estos arboles te vè,
y de muger te disfraza.

*Her.*Voy, mas temo que esta traça.

*Luz.*Vè majadero.

*Her.*Yo irè,
mas defenderme me toca,
y si hazerlo no quisieres,
no te espantes, si me vieres
con la barriga a la boca.

Entrase.

*Luz.*Que mal se cura amor con inuenciones,
que vano error sobre sanar la herida,
si en las muertas ceniças escondidas,
la viua lumbre al coraçon le pones.
Cielos, desdenes, iras sinrazones,
tienen el alma alguna vez dormida,
mas que letargo aurà queno despida
la fuerça de zelosas preuenciones.
O zelos, con razon os han llamado
mosquitos del amor, de amor desvelos,
el vino de su fuego os ha engañado.
Que importa que se duerma vn hombre (ò Cielos)

de

de pesadumbres del amor cansado,
si con sus vozes le despiertan zelos.

Sale Hernando el manto puesto, y la capa por saya.

Her. Vengo bien.
Luz. Vienes tambien,
que espero que bien me vaya,
He. Que te parece la saya?
Luz. Muy bien.
Her. Y el manto?
Lu. Tambien.
Her. No voy muy apetecible.
Luz. Como.
Her. Lleuo malos baxos?
Lu. Llega.
Her. En notables trabajos
me pone tu amor terrible.
Do. Vn galan con cierta dama,
azia donde estamos viene.
Ge. Gentil brio y arte tiene,
a fe que es ropa de fama.
Do. Como?
Ge. Diome el buen olor.
Do. Tomo pastilla al salir.
Fin. Pastilla, y prado es dezir,
que es dama.
Do. De que?
Fin. De amor.
Do. A tu lado toma assiento.
Ge. Que de golpe se ha assentado.
Fin. Deue de tener pesado
lo que es el quinto elemento.
Luz. Bella doña Estefania,
que os parece esta frescura.
Her. Fue mucha descompostura
venir aqui sin mi tia;
pero el mucho amor q̃ os tengo
a mas me puede obligar.
Luz. Señores quieren cantar.
Her. Dexanlo porque yo vengo.
Ge. Luzindo es este, ay de mi!
verdad sin duda seria.

que aquella dama queria,
por quien preguntar le vi:
zelos que pense fingidos
me han salido verdaderos:
ay amores lisongeros,
de engaño, y traicion vestidos
estendidome ha la letra,
herido me ha por el filo,
vengose del mismo estilo.
Her. Ya se altera, y inquieta,
que te parece el jaraue.
Luz. Que haze su operacion?
Ge. Que bien sabe dar passion,
que mal el tomarla sabe,
por vida de Doristeo
que vn poco de agua traigais.
Do. Yo traire con que beuais,
que regalaros desseo
entreteneos aqui
mientras voy por colacion.
Vanse los dos.
Ger. Que vais solo no es razon.
Fin. Acompañarele.
Ger. Si, que aqui quedan los amigos
Fin. Pues vamos.
Do. Venid.
Fin. A Dios.
Ger. Muerome porque las dos
quedassemos sin testigos.
Lis. Quereis que cantemos?
Ge. No, antes merced recibiera
en quedar sola.
Fab. Algo espera.
Lis. Lindamente lo has hecho.
Fa. Pues no estoruemos Liseo.
Lis. Fabio, venid por aqui.
Vanse los Musicos.
Ger. Hazi señora.

Her.

*Her.*Es a mi?

*Ger.*Veros, y hablaros deseo.

*Her.*Verme, y hablarme, porque?

*Ger.*Porque soy vuestra vezina.

*Her.*Iesus que estraña mohina.

*Ger.*Desto solo os enfadè.

*He.*Haze notable calor,
vamos Luzindo de aqui.

*Luz.*Mi bien, enfaldarse anfi
parece mucho rigor;
descubrios a esta dama,
pues Dios os dio tal belleza,
y està hermosa gentileza
tiene en la Corte tal fama,
descubrid los ojos bellos,
den embidia, y den amor.

*He.*No estoy agora de humor,
ni està enjuto el llanto en ellos,
que los traeis hechos mar.
de zelos de esta Gerarda,
que me dizen que es gallarda.

*Luz.*Geralda os los puede dar,
no sè de que los reneis:
plegue a Dios, que si la quiero,
que para el mal de que muero
nunca remedio me deis:
Plegue a Dios que si la estimo
nunca merezca essos braços,
ni a mis amorosos laços
den vuestros muros arrimo:
plegue a Dios que si la amare,
nunca mi ventura poca,
goze de essa dulze boca,
ni por mi bien se declare:
plegue a Dios que si la viere
jamàs me vea con vos,
ni nos casèmos los dos.

*Ger.*Que esto sufra, que esto espe.

*Her.*Ay Dios que de maldiciones.

*Ger.*Todas vengan sobre mi,
si mas te sufriere aqui,
traidor tantas sinrazones.

*Her.*Dizenme que vais alla,

y estoy muy descolorida.

*Luz.*Pues tomad color mi vida,
que à vos os adoro ya.

*Ger.*No sera infame en mis dias.

*Luz.*Como anfi te has descõpuesto

*Her.*A Estefania, que es esto?

*Ger.*Y a quarenta Estefanias.

*Luz.*Dexala Gerarda.

*Her.*Ay cielo!
a vna muger como yo.

*Ger.*Matarla tengo.

*Luz.*Esso no, huye.

Huyase Hernanda.

*Her.*Mi muerte recelo.

*Ger.*Que muger es esta perro?

*Luz.*Vna muger que me adora,
y esso que tu has hecho agora
ha sido vn notable yerro,
que es señora principal,
y te ha de costar la vida.

*Ge.*Puede ser ya mas perdida,
que viendome en tanto mal?
dexame passar.

*Luz.*Detente,
que a quien me aborrece a mi
nunca licencia le di
de hablarme tan libremente.

*Ge.*Yo te aborrezco mi bien.

*Lu.*Tu bien soy.

*Ge.*Ay prenda mia,
quanto te dixe fingia,
y quanto hablaua tambien;
aborrezco a Doristeo,
solo te adoro Luzindo,
de nueuo el alma te rindo.

*Lu.*Cielos, que es esto que veo?

*Ger.*En prenda de que tu eres
mi verdad, vente conmigo.

*Luz.*Mucho os alienta el castigo,
como bestias sois mugeres:
aora bien ya se acabò,
yo adoro en Estefania.

*Ger.*Porque me dexas luz mia.

Luz.

*Luc.*Porque tu noche llegò.
*Ger.*Ven conmigo hasta mi casa.
*Luc.*No ay remedio.
*Ger.*Que esto veo.
*Luc.*Presto vendrà Doristeo,
que es el que agora te abrasa,

Hincase de rodillas Gerarda.

de rodillas mi señor,
que vayas quiero pedirte,
porque alià quiero dezirte
la causa deste rigor;
zelos por tu vida han sido,
no seas villano, ven,
ven Lucindo, ven mi bien.
*Luc.*Enefeto me has querido?
*Ger.*Siempre te quise, mis ojos.
*Luc.*Yo harè que sangre te cueste.

Sale Hernando ya desnudo.

*Her.*Que sacrificio es aqueste.
*Luc.*El auerme dado enojos.
*Her.*Si Lucindo quiere hazer
vna vengança gallarda,
y Gerarda el golpe aguarda,
el Angel vengo yo à ser,
que es esto señor?
*Luc.*O Hernando,
seas mil vezes bien venido.
*Her.*Dos horas ando perdido
todo este prado buscando,
que en casa han echado menos
à esta dama.
*Luc.*Otra seria.
*Her.*Luego no es Estefania.
*Luc.*Auido rayos y truenos.
*Her.*Es Gerarda?
*Luc.*No lo ves?
*Her.*Dexala, triste de mi,
que te ponen culpa a ti.
*Luc.*Gerarda hablemos despues.

*Ger.*Oye.
*Luc.*No ay remedio.
*Ger.*Aguarda.
*Her.*Grande valor has tenido.
*Luc.*El saber que soy querido,
me ha despicado Gerarda.

Vanse los dos.

Salen Doristeo, y Finardo.

*Dor.*Desgracia ha sido por Dios,
el no auer ya tienda abierta.
*Fin.*Quebrada queda vna puerta.
*Ger.*Cansado os aueis los dos.
*Dor.*Sola estauas?
*Ger.*Sola estaua.
*Dor.*Los musicos?
*Ger.*Libres son.
*Fin.*Que no huuiesse colacion,
si en el Verano se alaba
Madrid para quien trasnoche
sin cotas ni sin broqueles,
que tiene nieue, y pasteles,
vino y dulze à media noche.
*Ger.*Tarde llegarà el fauor,
que no estoy buena.
*Dor.*Sospecho,
que este fresco mal te ha hecho.
*Ger.*Mas me ha dañado el calor.
*Dor.*Entiendes de estrellas.
*Fin.*Sè, que el carro ha de estar alli
para amanecer.
*Dor.*Ansi,
pues ya muy alto se ve,
vamos, y descansaràs:
que amigos.
*Fin.*Pocos ay buenos.
*Ger.*Quando tu me quieres menos
Lucindo te quiero mas.

Vanse.

Salen Lucindo, y Hernando.

*Her.*Tan consolado vienes, que presumo,
que no te acuerdas ya de aquella loca.
*Luc.*No lo digas de burlas.
*Her.*Quien te ha hecho
Milagro tan notable en su sentido.
*Luc.*La confiança de que soy querido:
bendiga el cielo, la inuencion, la traça,
la hora, el mouimiento, el manto, el prado,
los zelos, los disgustos.
*Her.*Y no dizes
que bendiga tambien à Estefania;
pues en verdad, que aun traygo las señales
de algunos mogicones de Gerarda.
*Luc.*La ventana han abierto, espera, aguarda.

En la ventana Fenisa.
Ha cauallero.
*Luc.*Quien llama.
*Fen.*Llegad quedo, vna muger.
*Her.*Fenisa deue de ser,
que aurà ajado la cama.
*Fen.*Vuestro nombre me dezid,
antes que os empiece hablar.
*Luc.*Mira no echemos azar.
*Her.*Todos duermen en Madrid,
hasta el viejo Arias Gonçalo.
*Luc.*Lucindo, señora soy,
que de vos quexoso estoy,
si esta quexa no es regalo,
sabeis que del Capitan
Bernardo soy hijo.
*Fen.*Si.
*Luc.*Sabeis que en mi vida os vi,
como soy vuestro galan?
yo Fenisa os solicito?
yo os escriuo mil papeles?
yo à estas rejas, y vergeles
la casta defensa os quito?
yo os desvelo con paseos,
y terceras os embio,

*Fen.*No os enfaden, señor mio
mis amorosos rodeos,
ni me aueis solicitado,
ni aueis cansado mis rejas,
ni son verdades mis quexas,
supuesto que me he quexado,
Iamas escrito me aueis,
ni por vos nadie me habló:
en lo que esto se fundò,
pues venis, vos lo entendeis,
no hallò mi recogimiento,
como dezir mi passion,
amor me dio la inuencion,
y vos el atreuimiento:
vuestro padre me ha pedido,
mas yo naci para vos,
si algun dia quiere Dios,
que os merezca por marido,
y el hazerle mi tercero,
no os parezca desatino,
que es cuerdo, viejo, y vezino,
y os quiero como yo os quiero,
este camino busquè
para que sepais mi amor:
solo os supliço señor,

que agradezcais tanta fee;
y si mi hazienda, y mi talle,
puesto que mas merezcais,
os obligaren.

Luz. No echeis
mas fauores en la calle;
sembrarla en almas quisiera
en esta buena fortuna,
porque palabra ninguna
menos que en alma cayera;
a mi ventura agradezco
saber mi bien que os agrado,
que bien sè que no he llegado
a pensar que lo merezco:
el dia mi bien que os vi
de aquel santo Iubileo,
despertastes el deseo,
nunca mas con el dormi,
mi poco merecimiento,
que entendiesse me empedia
lo que mi padre dezia,
y era justo pensamiento:
mas viendole porfiar,
vine a ver lo que ya veo.

Fen. Conoceis mi buen deseo.

Luz. El conocerle es pagar,
que tras el conocimiento
de vna deuda, pagar sobra,
pero si se pone en obra,
de mi padre el casamiento,
que tal vendrè yo a quedar.

Lu. No creais que ellos lo puedan,
que los dos que los heredan
son los que te han de casar;
mal conoceis lo sutil
de vna rendida muger.

Lu. Discreta deueis de ser,
y de animo varonil,
bien se ha visto en la inuencion.

Fe. pues hasta agora no es nada.

Lu. La discreta enamorada,
llamaros serà razon.

Fen. Perdoneme vuestro padre,

que del me pienso valer,
para daros à entender
lo que no quiere mi madre:
quanto deziros quisiere
serà quexarme de vos,
y veremonos los dos
por donde possible fuere:
quando os riña estad atento,
que son recaudos que os doy.

Lu. Digo señora que estoy
en el mismo pensamiento.

Fen. Assi sabreis lo que passa
desta puerta adentro vos,
casandonos a los dos,
quando el piensa que se casa:
que ya estarèmos casados
el dia que se descubra.

Lu. Quiera el amor que se encubra
el fin de nuestros cuidados:
y dad orden como os vea,
pues no os falta discrecion.

Fen. He pensado otra inuencion
para que el remedio sea;
y es que dirè a vuestro padre
que os embie a que tomeis
mi bendicion, y vendreis
sin que se enoje mi madre;
pero tratadme verdad,
o desengañame aqui.

Lu. El alma señora os di
por fee de mi voluntad;
preguntadla allà si os quiero.

H. Señor aduertid que al Alua
hazen las calandrias salua,
y esta muy alto el Luzero
en cas deste mercader.
Vna codorniz canto,
con que a tu amor auisò
de que quiere amanecer.

Fen. Vete mi amor que amanece,
no me eche menos mi madre.

Lu. Pide licencia a mi padre
para verte.

*Her.*La luz crece.

*Luz.*Dame alguna prenda tuya,
con que me vaya acostar.

*Fen.*A mi me quisiera dar.

*Her.*Dile señor que concluya.

*Fen.*Truecame esta cinta.

Echa vn liston.

*Luz.*A que?

*Fen.*A deseos.

*Her.*Bueno esta.

*Luz.*Todos los tienes alla.

*Fen.*A Dios.

*Luz.*Fuesse.

*Her.*Ya se fue.

*Luz.*Gran ventura.

*Her.*Di que estas enamorado.

*Luz.*Pues no.

*Her.*Y Gerarda.

*Luz.*Ya passò.

*Her.*Como.

*Luz.*Lo que oyendo estas.
es bella, es noble, es gallarda.

*Her.*Braua colera Española.

*Luz.*Mas precio esta cinta sola,
que mil almas de Gerarda
Vanse.

Salen Doristeo, y Gerarda.

*Dor.*Para que es tanto desden,
sino dezirme verdad,
hombre soy, y hombre de bien,
hablame con libertad,
quieres a Lucindo bien?

*Ger.*Pensè que no le queria,
y à noche.

*Dor.*Passa adelante.

*Ger.*Quiso la desdicha mia,
que fuesse vn desdén bastante,
a encender nieue tan fria,
no viste aquella muger,
que se sentò junto a mi.

*Dor.*Lucindo deuio de ser

el que la truxo.

*Ger.*Es ansi.

*Dor.*Esso me basta saber,
ay Gerarda quanto pueden
vnos zelos.

*Ger.*Muerta estoy,
en fuerça al amor exceden,
no ay desden, mi fee te doy,
de que triunfando no queden:
estudiado parecia,
lo que Lucindo dezia,
y lo que ella preguntaua,
supe al fin que se llamaua
esta dama Estefania;
y que es muger principal,
que vn criado a vn rayo igual,
vino a dezir que en su casa
la echaron menos.

*Dor.*Que passa,
por mi vna desdicha igual;
pero es dicha, como dizes,
que esta dama se llamaua.

*Ger.*Ay, de que te escandalizas.

*Dor.*Pensando en el nombre estaua
de essa muger que maldizes.

*Ger.*Estefania dezia.

*Dor.*Estefania.

*Ger.*Esto passa.

*Dor.*Buena vengança seria,
si porque he entrado en su casa,
diesse Lucindo en la mia.

*Ger.*Como.

*Dor.*Vna hermana que tengo,
Estefania se llama.

*Ger.*Ella es.

*Dor.*Como detengo
la defensa de mi fama,
y del traidor no me vengo.

*Ger.*El la sirue, porque vn dia
dixo, que se vengaria
deste agrauio.

*Dor.*Y lo cumplio,
porque a noche me contò,
que

que fue al Prado Eftefania,
Alto mi honor es perdido:
Vete en buen hora Gerarda.
*Ge.*Mas que quifiera he fabido.
*Do.*Que fi mi deshonra aguarda,
oy ha de fer fu marido.
*Ger.*Su marido, mayor daño
es el que me viene agora.
*Do.*Pues ay otro defengaño.
*Ge.*Bien viuirà quien le adora,
fi le cafas.
*Do.*Cafo eftraño,
pues puede fer de otra fuerte.
*Ge.*Dame primero la muerte.
*Dor.*Vete de aqui.
*Ger.*Nunca hablara.
*Do.*Con mi hermana? quiẽ pẽfara
vna vengança tan fuerte:
bufcar a Einardo quiero
para que a Luzindo faque:
donde pues es Cauallero,
ò faquemos el azero:
ò cafandofe me aplaque,
oy muere fino fe cafa.
O vil hermana efto paffa;
mas jufta ley me condena,
que no anda bien en la agena;
quien ha de guardar fu cafa.
Vanfe.

Salen Belifa, el Capitan, Eenifa, y
Fulminato criado.

*Fen.*Hazedme aquefte placer,
para mayor regozijo,
que vea yo vueftro hijo;
pues fu madre vengo a fer.
*Cap.*Digo que teneis razon.
*Fen.*Pues todo queda tan llano,
venga a befarme la mano,
y à tomar mi bendicion.
*Bel.*Ya fois dueño defta cafa,
venga vueftro hijo acà.

*Cap.*Digo que a veros vendrà,
que ya fabe lo que paffa.
Fulminato.
*Ful.*Señor.
*Cap.*Corre,
llama al Alferez mi hijo.
*Ful.*Voy. *Vafe.*
*Fen.*Que le llamaffen dixo,
todo el cielo me focorre:
oy te verán eftos ojos
en efta cafa, mi bien.
*Cap.*Aunque le mueftre defden,
me ha dado en llamarle enojos;
es galan, moço, y difcreto;
y dirà acafo entre fi,
que no le cafo, y que a mi
me cafo, viejo en efeto:
quien duda que le parezca
mejor, y que le defpeña,
ver que a mi edad le condena,
donde fin gufto parezca:
fuera de efto, es mal confejo,
que venir aqui le mande,
que a vifta de vn hijo grande
parece vn hombre mas viejo:
ya comienço a eftar zelofo,
no entrarà otra vez acà.

Salen Fulminato, y Luzindo.
*Ful.*Aqui el Alferez eftà.
*Luz.*Cielos que fui tan dichofo,
aqui mis ojos eftàn.
Señor.
*Cap.*De enojo eftoy lleno:
para dançar eras bueno.
*Luz.*Como.
*Cap.*Eres cierto, y galan.
*Luz.*No me mandafte venir.
*Cap.*Befa la mano a tu madre.
*Luz.*Yo voy.
*Cap.*Que prefto.
*Luz.*Mi padre.
*Fen.*Ya me comienço a reir.
Luz.

Luz. Como à madre que fois mia
me mandalo bien foberano,
que os befe efta hermofa mano.
Cap. Que fuperflua cortefia,
la mano bafta dezir,
para que es dezir hermofa.
Luz. Quiere mi boca dichofa
efte epiteto añadir.
Fen. Hablan anfi los difcretos.
Bel. De efto recibis difgufto.
Cap. Leuantate, que no gufto,
que befes con epitetos.
Bel. Dexalde, no feais eftraño,
befe la mano à fu madre.
Luz. Señor fiendo vos mi padre,
no refulta en vueftro daño.
Cap. No me llames padre aqui.
Luz. Llamo madre à vna fenora,
tan moça, y à vos agora
os pefa que os llame anfi.
Cap. A donde la edad no fobre,
padre, dulzes letras fon,
mas à vn viejo, no es razon,
no fiendo hermitaño, ò pobre,
acaba befa la mano.
Fen. Que me veo en tanto bien.
Luz. Dadme efta mano, por quien
de mano efta fuerte gano,
ten mi vida efte papel.

Metelepy papel en la mano.

Fen. Ya le tengo.
Luz. Y dadme aqui
vueftra bendicion, que en mi
tendreis vn hijo fiel.
Cap. Hijo fiel, mas que quiere

comprar algun Regimiento.
Luz. Que gloria en los labios fieto

Bendigale.

Fen. Dios te bendiga, y profpere,
Dios te dè muger que fea
tal, como la has menefter,
enefero vengaà fer,
como tu madre defea.
Dios te dè lo que a efte punto
tienes en el coraçon,
quien te dà fu bendicion,
todo el bien te diera junto.
Dios te haga, y fi feràs
tan obediente à mi, y, jufto,
que jamàs me dès difgufto,
y que a nadie quieras mas.
Dios te haga tan modefto,
que queriendo eftos embites,
a tu feñor padre quites

Señala en el pecho.

efta pefadumbre prefto,
y te dè tanto fentido,
en querer, y obedecer,
que te pueda yo tener,
como en lugar de marido.
Cap. Que libro matrimonial
te enfeñò eftàs bendiciones,
acaba abreuia razones.
Fen. Zelos tienes.
Luz. Ay cofa igual.
Fe. Vna palabra madre de mis ojos
Bel. Que quieres.
Fen. Ves efte papel.
Bel. Si veo.

Fen. Pues es memoria de veftidos mios,
que el Capitan me ha dado, yo queria
leerle, y no quifiera que èl lo vieffe,
porque no me tuuiefle por tan loca,
que penfafle, que eftimo en mas las galas,

que

que no el marido, por tu vida madre
que le entretengas.
Bel. Que me place.
Fen. Ay Cielo,
que industria hallè para leer agora
el papel que me dio Luzindo, al tiempo
que me beso la mano, por si es cosa
que importa darle luego la respuesta.
Bel. Escuchame a esta parte dos palabras.

Lee Fenisa.

Mi bien, mi padre tiene concertado,
de zelos de que has dicho que te quiero,
embiarme a Portugal, remedia amores
esta locura, o cuentame por muerto:
esto escriui sabiendo que venia
a besarte la mano, a Dios te queda;
y quiera el mismo que gozarte pueda.

Fen. Ay desdicha semejante,
ay zelos con tal locura,
assi Dios me dè ventura
que he de hablarle aqui delante:
Luzindo el papel lei;
no me haga el cielo este mal,
que vayas a Portugal,
ni que vna hora estès sin mi;
y si dizen que mejor
viue en el su desvario,
viue en mi Luzindo mio,
que soy Portugal de amor.
Luz. A Dios; quiè pudiera hablarte
quien abraçarte pudiera.
Fen. Yo sabrè hazer demanera
que me abraces.
Luz. En que parte?
Fen. Fingir quiero que caì,
tu me iràs a leuantar,
y me podrás abraçar.
Luz. Tropieça.   cayga.
Fen. Caygo, ay de mi!
Cap. Que es aquesto?   Abraçanse.
Luz. Tropeçò

mi señora madre aqui,
y yo leuantola ansi.
Cap. Y leuantola ansi yo:
salte de Aqui noramala.
Luz. Pues cayendo es cortesià.
Bel. Haste hecho mal, hija mia?
Cap. Despeja luego la sala.
Luz. Yo me irè.
Cap. Vete al momento.
Luz. Ansi me arrojas.
Cap. Camina.
Luz. Ay mi Fenisa diuina,
ay diuino entendimiento,
ay discrecion estremada,
por vos se puede entender
lo que puede vna muger
discreta, y enamorada.   Vase
Fen. No tengo mal ninguno por tu
Cap. Assi lo creo yo.   (vida.
Fen. Fuesse mi hijo.
Cap. Tu hijo se fue ya.
Fen. Mil males tengo.   (presto.
Bel. Quieres verle, ola Beatriz de-
Fen. No quiero por tu vida.

K   Cap.

Cap. Aquel groffero

deuio de daros caufa a la caida,
no ha de eftar en mi cafa vn punto folo,
ni entrar en efta mientras tengo vida.

Bel. Que poco amor teneis a vueftro hijo;
ques os prometo que es gentil mancebo;
y que le miro yo con tales ojos,
que fi en mis mocedades me cogiera,
olgara de tenerle por marido.

Fen. Afsi te la ocafion por eleopete.

Cap. Efte loco os agrada.

Fen. Efcucha madre.

Bel. Como fois Capitan, la cafa es guerra:
todo es efcufa.

Cap. Tal me la dan zelo s.

Fen. El papel que te dixe no es veftido s;
ni me le dio Bernardo.

Bel. Que me cuentas.

Fen. Luzindo me le dio.

Bel. Pues que te efcriue?

Fen. Vna cofa que a rifa ha de meuerte.

Bel. No me tengas fufpenfa.

Fen. Al fin me dize, que fe quiere cafar.

Bel. Con quien?

Fen. Contigo.

Bel. Conmigo, que me cuentas?

Fen. Lo que pafla,

dize; que le pareces en eftremo,
y que efta grauedad, effa cordura,
le agrada mas que yo a fu padre agrado:
dize mas, que con efte cafamiento
fe juntan las haziendas demanera,
que los hijos de entrambos quedan ricos:
fi fupieras leer mil cofas vieras;
mas dize que le pidas, que no trate
embiarle a Portugal, que antes le mate.

Bel. Que es ir a Portugal, hija, las hijas
cuerdas, y honradas, todo el gufto fuyo,
ponen en folo darfele a fus padres;
ya fabes que foy moça, y que en efeto
eftare mas honrada con marido;
y marido, que afsi te logres hija,
que me llena los ojos en mirandole,

que:

que cortes, que galan, que lindo talle.
Fen. Si esto passa, que hara quien andar puede.
Bel. Que dizes?
Fen. Que le estorues la partida.
Bel. Partida, que partida, haz que esta noche
me venga hablar Luzindo, de secreto.
Fen. Vete, y dexame hablar con mi marido.
Bel. Que me cogio a descuido, mas no importa
ponerme quiero menos largas tocas,
consultare el espejo, ay mi Luzindo,
si tu me quieres quanto soy te rindo. *Vase.*

Cap. Milagro Fenisa fue
dexarnos solos Belisa;
y pues que nadie nos ve,
dame gallarda Fenisa
tus manos.
Fen. Bien por mi fee,
mucho os preciais de galan.
Cap. Si zelos enojo dan,
dame la mano de amigos.
Fen. No me atreuo sin testigos.
Cap. Presentes señora estan
zelos, amor, y deseo.
Fen. Con justos zelos señor,
de vuestro Luzindo os veo.
Cap. Prosigue en tenerte amor?
Fen. Y aun me cansa.
Cap. Yo lo creo.
Fen. A noche senti ruido
a la rexa, y diome vn miedo,
que me priuo del sentido:
leuantome como puedo
sin luz, no acierto el vestido;
topo el manteo en efeto,
salgo a la rexa, y en ella.

De que estàs tan inquieto?
Cap. Es colera, esposa bella,
de esse rapaz indiscreto.
Fen. Y entre la rexa, y ventana
hallo en lo hueco vn papel.
Cap. Esso ya es cosa inhumana;
oy sere vn leon con el.
Fen. Ser padre os darà quartanas,
sossegaos.
Cap. No puede ser,
yo le tengo de buscar. *Vase.*
Fen. Que bien le he dado a entēder
donde el papel ha de hallar,
que le quiero responder,
para que quede aduertido,
que con mi madre he traçado,
que diga que es su marido,
para que quede estoruado
el camino preuenido;
que mi madre harà por el,
que se impida la tormenta
desta partida cruel;
porque si mi bien se ausenta,
todo se pierde con el. *Vase.*

Sale Hernando, y Luzindo.

Her. Que todo esso ha passado.
Luz. Si me vieras
de rodillas Hernando a mi Fenisa;
que era imagen bellissima dixeras.

K2   Her.

Her. No lo dudes, murierame de risa.

Lu. Si a tantalo en el agua consideras,
veràs que ya le tengo por diuisa,
porque si aquel, ni fruta, ni agua toca,
yo vi su boca, y no llegue a su boca.

Her. No te bastò la mano?

Lu. Templò el fuego
arrimando la nieue de su mano,
porque salio a la boca el alma luego,
echa vn bolcan de amor, por agua en vano,
que me diras, quando a la boca llego?

Her. Mordistela.

Lu. No sè, marmol Indiano,
cristal de Roca, quieres que mordiesse,
no basta si es de imagen, que le bese.

Her. Tu padre.

Lu. Calla, y dexale que passe.

Sale el Capitan.

Cap. Que cavizbajo en viendome te pones,
como sino me viesses.

Lu. Si pensasse
que contigo esse credito tenia,
no a Portugal, hasta el Iapon me iria.

Cap. Pues no te admires que peor le tienes,
no te auisè, que es mi muger Fenisa.

Lu. No me mandaste tu que la besasse,
la madre, como a madre, es por ventura
porque llamè su blanca mano hermosa.

Ca. Hermosa entonces y aora hermosa, y blanca,
que lindo bellacon te vas haziendo.

Lu. Cosas te enfadan de tan poco tomo,
que es ponerte a la sombra de vn cabello,
valgame Dios, en que te ofendo tanto?

Cap. No es nada, si Fenisa me ha contado,
que anoche hiziste en su ventana ruido,
y que entre el suelo della, y de la rexa
le pusiste vn papel.

Lu. Yo.

Cap. Tu villano.

Lu. Pues di que te le dè, que si mi letra
tuuiere esse papel.

Cap. Detente vn poco,

qué

que ſi es agena, mayor mal ſeria.

Luz. Hernando.

Her. Señor.

Luz. Oyes.

Her. Ya lo entiendo

ſin duda que papel quiere eſcriuiſte,
y que te auiſa que a buſcarle vayas,
entre la rexa, y la ventana.

Cap. Eſcucha,

que paſſa alguna gente, y no querria
ſe dixeſſe en Madrid mi caſamiento.

Sale Doriſteo, y Finardo.

Dor. Hablando eſtà con ſu padre.

Fin. Pues apartale que importa.

Dor. Vna palabra os quiſiera.

Luz. Eſtoy con mi padre agora:
pero ſepamos lo que es
buſcarme con tanta colera,
que deſpues aurà lugar
de reſponderos a todo.

Cap. Que quieren eſtos Hernando?

Her. Amigos ſon.

Cap. Seràn coſas del juego.

Her. Aſſi lo ſoſpecho.

Ca. Nunca del reſultan pocas.

Dor. Sin tener obligacion,
ni conoceros, que ſobra,
para no guardar la cara,
que vn hidalgo no os conozca,
puſe en Gerarda los ojos.

Luz. Si es eſſa la quexa ſola,
yo os doy deſde aqui a Gerarda.

Dor. No es eſſa.

Lu. Pue como, ay otra?

Do. Otra tan grande, que creo,
que ſolo el verme reporta
aqui vueſtro anciano padre.

Luz. Engaños ſon de eſta loca.

Do. Vos de picado de ver
q̃ a vueſtro amor me antepõga,
aueis penſado vengaros

quitandome a mi la honra,
ſeruido aueis a mi hermana,
y ella mal ſabia, y bien moça,
oi fue a noche con vos al prado.

Lu. Eſtraña inuencion de hiſtoria,
ni conozco a vueſtra hermana,
ni trato vueſtra deshonra,
ni ſe por Dios vueſtra caſa.

Fin. La tercera es ſoſpechoſa,
viue Dios que os ha engañado.

Do. Como engañado, ſi me nobra
a Eſtefania mi hermana,
de vn Indiano muerto eſpoſa.

Lu. Ya entiendo todo el engaño,
la dama ſeñor fue otra,
con quien me pienſo caſar,
que porque aqueſta zeloſa,
por el nombre, no ſupieſſe
quien era, antes de las bodas
la puſe el nombre primero
que me vino a la memoria,
que lo miſmo fuera Ines,
Franciſca, Iuana, ò Antonia,
eſto es la verdad por Dios.

Dor. Pues ſiendo verdad notoria,
para ſatisfacion mia,
aunque dezirlo vos ſobra,
olgarè que me digais
el nombre de eſſa ſeñora.

Lu. Porq̃ aueis de ver muy preſto,
que conmigo ſe deſpoſa,

Fenisa señor se llama;
esta quiero, ella me adora,
la calle de los jardines
es la esfera donde posa,
y yo soy vezino suyo;
rezelo mi padre toma,
y yo querria dexarle,
dadme licencia.

Dor. Estas cosas.

haze el honor. Perdonad.
Mil años gozeis la nouia.

Vayase Luzindo.

Cap. Donde va aquel.
Her. No se.
Cap. Si es desafio.
Her. Habla estos hombres.

Cap. Ha señores, creo,
sino me engaña de mi sangre el brio,
que de reñir los dos teneis deseo:
Sabed, que aquel hidalgo es hijo mio,
y pues va solo, y dos con armas veo,
yo irè con el, y dos a dos podremos
prouar los coraçones que tenemos:
soldados fuimos ya los dos en Flandes,
fui Capitan, y el fue mi Alferez, vamos.

Fin. Los dos iràn a que seruir los mandes,
que es bien que de soldados te siruamos,
de oy más serán señor amigos grandes,
que aunque por vnos zelos le buscamos,
el nos asseguró que no seruia
la dama que este hidalgo presumia,
ya sabemos quien es aquien pasea,
y Fenisa nos dixo que se llama.

Cap. Como, Fenisa.
Fin. En fin como desea
casarse, y que a esta sola adora, y ama.
Cap. Antes su muerte à vuestras plantas vea.
Dor. Mandaisnos otra cosa?
Cap. Que està dama
tengais por muger mia, que no suya.
Dor. El cobarde mintiò lo.
Fin. La culpa es tuya.
Dor. Viue el cielo que sirue à Estefania.
Fin. Dissimula y busquemosle.
Dor. El soldado
se fue de aqui de pura cobardia.
Fin. Que este es hijo de vn padre tan honrado.

Vanse los dos.

Cap. Que sirua este traidor la esposa mia,

com

con quien casarme tengo concertado,
y que se alabe que ha de ser su esposa.
Her. Possible es que lo dixo, estraña cosa.
Cap. Alto, ponle su ropa en la maleta,
no ha de quedar aqui ni solo vn dia,
camine a Portugal.
Her. No fue discreta la industria de Luzindo.
Cap. Ay tal porfia,
de noche por las rexas la inquieta:
besò su mano, y dixo madre mia,
y quiçà dixo esposa entre los labios,
no se pueden sufrir tantos agrauios.
Notificale luego la partida:
calçate botas.
Her. Casate primero.
Cap. No quiero dar lugar a que lo impida,
que sirua al Rey, y no a Fenisa quiero,
no ha de entrar en Madrid mas en mi vida.
Her. Que templaras aqueste enojo espero.
Cap. Darete viue Dios con la de Iuanes,
ò que lindo soy yo pare truanes.

IORNADA TERCERA.

Salen Luzindo, y Hernando, Luzindo con capa con oro,
y plumas.

Luz. Que mi padre les contò,
que es su esposa, y no mia.
Her. Que siendo yo Estefania
ande en estos quentos yo.
Luz. El nombre ha dado a entéder,
que es su hermana a Doristeo.
Her. Tan ciego a tu padre veo,
que te ha de echar a perder,
pienso que vàn a buscarte,
que de Fenisa el amor,

diràn que ha sido temor,
y termino de escaparte,
para que se lo dezias?
Luz. Para assegurar vn hombre,
no entendiédo que aquel nóbre
se le acordara en sus dias.
Her. Piensas ir a Portugal.
Luz. Como si mi bien me auisa
de que su madre Belisa,
ha de remediar mi mal.

K4   *Her.*

Her. Fuiste a la rexa?
Luz. Pues no.
Her. Y hallaste el papel?
Luz. Estaua
donde a mi padre auisaua,
quando a mi padre engaño,
hallele, al fin, en la rexa
leyle, y dize, que luego
me finxa de amores ciego
de su madre.
Her. De la vieja?
Luz. De la misma.
Her. Estraño caso.
Lu. Pues mas me ha mãdado hazer.
Her. Y es?
Luz. Pedirla por muger.
Hern. Por muger?
Luz. Habla mas passo,
que ha de salir al valcon,
y acaso te puede oir.
Her. Solo pudiera Impedir
tu partida, esta inuencion
discreta muger.
Luz. Notable.
Her. Y piensas con ella hablar.
Luz. Tu has de estar en mi lugar,
para que contigo hable,
fingete Lucindo, y yo
mientras hablas a Belisa,
estate con mi Fenisa,
que assi el papel me auisò.
Her. Que hablarè?
Luz. Cosas de amor.
Her. Mucho sabe esta donzella,
mil vezes pienso si es ella.
Luz. Quien?
Her. La donzella Teodora.
Luz. Oy quiero probar tu sesso.
veamos como requiebras
esta vieja.
Her. Oy me celebras por vnico.
Luz. Yo confiesso,
que por inferior me nombre,

a tu ingenio si la engañas.
Her. Mis telas son telarañas,
que importa ser gentilhombre
si faltan galas.
Luz. Pues bien.
Her. Dame essa capa con oro.
Luz. Dierate Hernando vn tesoro,
toma el sombrero tambien.
Her. Tu podras ponerte el mio.
Luz. A fee que quedo galan.
Her. A Lucindo, como dan
los bestidos talle, y brio.
Luz. Quedo, al valcon han salido.

Sale Fenisa, y Belisa en alto.

Bel. Dame Fenisa lugar,
que quiero a Lucindo hablar,
Fen. De que sabes que ha venido?
Bel. Veo dos hombres parados
mirando nuestro valcon.
Fen. Bien conoces, ellos son,
que hazen señas embocados,
voyme, y Dios te dè ventura,
mas dame licencia vn poco
de hablar a Hernando.
Bel. Es vn loco.
Fen. Agradame su locura,
y tengole que dezir
vn recado al Capitan.
Bel. Vea essotra rexa.
Her. Ya estan
donde nos pueden oir.
Luz. Fenisa se fue de alli.
Her. Su madre la despidio.
Bel. Sois Lucindo?
Her. No soy yo
despues que vines en mi,
pero soy el que os adora
con el alma que le dais:
pues mi humildad leuantais
à vuestro valor señora,
no va bueno.
Luz. Pesia tal,

que

que hablas con gran difcrecion,
Her. Eftoy hecho vn Ciceroniro
Bel. Paffo,que parece mal,
Lucindo que vna muger,
que en fin de Fenifa es madre,
la cafe con vueftro padre
y a vos os venga a querer,
que en efeto fois fu hijo,
llegado a que me quereis,
yo confieffo que me dais
vn jubenil regocijo,
es poffible que os agrado,
y que os parezco tambien.

Fenifa en otra ventana, al otro la-
do del teatro.

Fen. Ce, Lucindo.
Luz. Quien es?
Fen. Quien
el alma,y vida te ha dado,
llega,mientras entretiene
a la loca de mi madre,
tu criado.
Her. Si mi padre,
como viejo a querer viene
la tierna edad de Fenifa,
yo como moço os adoro,
Por effe graue decoro.
Fen. Muriendome eftoy de rifa.
Her. Eftas tocas reuerendas,
effe eftupendo mongil,
effe pecho varonil,
teftigo de tantas prendas,
effe chapin enlutado,
que del pie los puntos fabe,
que pifa el fuelo,mas graue
que vn frifon recien herrado,
efta bien compuefta voz,
effe olor de amor efpuela,
que es açucar,y canela,
de aqueftas tocas de arroz,
effos antojos atado,
para encubrir los de enfrente,
effe manto en que confiente,

fer el amor rhanteado,
efta encarnada nariz,
donde amor deftila,y faca,
ambar,mirra,y tacamaca,
mas que el Arabia feliz.
En fin,tocas,pies,frifon,
nariz,mongil,manto,antojos,
voz,chapin,fon a mis ojos,
feluas de varia licion.
Luz. Efcuchaftelo.
Fen. Sofpecho,
que ha de entender el engaño.
Luz. En que yerse eftá mi daño,
y en que acierte mi prouecho,
pero dime prenda mia,
que ha de fer de nueftro amor,
fi de ti con tal rigor,
efte padre me defuia,
no te defcuides mi bien,
que apreffura mi partida.
Fen. No tengas pena mi vida,
ni effos miedos te la den,
que mi madre loca,y vana,
efta por tu amor,de modo
que pondran remedio en todo.
Luz. Si mas la boda cercana,
me amanaça,como ves,
y fi effe llega a cafar,
como podras remediar,
mi aufencia,y muerte defpues,
a la fee,que aunque es tan cierto,
que eres difcreta,y futil,
que no halles modo entre mil
para dar la vida a vn muerto.
Fen. Si foy tuya,fi naci
para ti fola,y fi eftoy
cierta,que como yo foy
tuya,tu lo eres de mi,
da traça como falgamos
deftos padres enemigos,
hazienda tienes,y amigos,
adonde quifieres vamos,
difcreta,y enamorada,

me sueles Lurindo hazer,
mas ya solo quiero ser
muger, y determinada.

Luz. Si tienes resolucion
de que te saque de aqui,
animo me sobra à mi
para igual execucion,
esta noche gloria mia,
joyas, y vestidos coge,
y aunque tu madre se enoje,
te sacarè à medio dia,
que no temo de mi padre
el mal que me pueda hazer.

Fen. Si voy à ser tu muger,
mateme despues mi madre.

Bel. Que tiene determinado
embiarte à Portugal.

Her. No he visto locura igual,
como en la que el viejo ha dado,
dize que adora à Fenisa,
que la sirue, y solicito,
que el sueño, y quietud le quito,
y sigo en saliendo à Missa,
y de zelos me destierra.

Bel. Mi bien, y quereisla vos?

Her. Yo à Fenisa, pliegue à Dios,
que aqui me trague la tierra,
que me maten seis villanos
en su heredad, ò su aldea,
porque no ay muerte que sea
mas infame, que sus manos.
Plegue à Dios, que vn arcabuz,
probandole me traspasse,
ò que vna espada me passe,
desde la punta à la Cruz,
si en mi vida tuue intento
de amalla, ni pretendella,
ni jamas hablè con ella
de amor, ni de casamiento.

Luz. Muy bien lo puede jurar.

Bel. Satisfecha estoy mi bien.

Her. Dexando aquesto tambien,
tienes algo que me dar,

porque en dandome vn desmayo
ò enjurando alguna cosa,
me dà vna hambre espantosa,
soy preñada con antojo.

Bel. Gana tienes de comer.

Her. Rabio por Dios.

Bel. Todo es malo
quanto ay en casa, vn regalo
mañana te quiero hazer,
que conserua comes bien,
que soy en dulzes notable,
de guindas es razonable,
y de perada tambien,
duraznos es estremada,
que conserua harè?

Her. Vn menudo
con su peregil, que dudo
que la aya tal bien lauada.

Bel. Desso gustas, pues hallaste
la limpieza, la sazon,
y el buen gusto.

Her. Cosas son
en que el tuyo conformaste,
embiamele mañana.

Luz. Ay Villano tan grossero.

Bel. Que menudo hazer te espero.

Her. No serà peor la gana.

Bel. Menudo comes.

Her. No pudo
ponerse el gusto en duda,
porque quien sirue à viuda,
se obliga à comer menudo.

Luz. Gente passa, ce.

Bel. Quien llama.

Her. Hernandillo mi criado,
que alla con Fenisa ha hablado.

Bel. Lindo picaro.

Her. De fama,
dizeme que passa gente,
a Dios.

Bel. El mi bien os guarde.

Luz. Pues passa gente, y es tarde,
a Dios.

Fen.

*Fen.*Ay mi gloria aufente,
que bien que la has diuertido.
*Her.*Famofamente la hablè.
*Luz.*Ven tras mi,pero que fue
aquello que le has pedido.
*Her.*Vn menudo.
*Luz.*Y eſſo pudo
pedir tu lengua groſſero.
*Her.*Tu negocias por entero,
yo negocio por menudo.*Vanſe.*

Salen Doriſteo,y Gerarda.

*Ger.*Soſſiega el pecho zelofo,
que yo fabrè ſi es verdad.
*Dor.*Sofpecho,que temerofo
de alguna temeridad,
a que obliga vn cafo honrofo,
dixo que el nombre fingia,
y fue a tiento Eſtefania,
porque ſu padre en mi daño,
me dixo por defengaño,
como a Fenifa feruia.
*Ger.*El padre acafo penfò,
que a Fenifa amauas.
*Dor.*Yo.
*Ger.*Y para en paz os poner,
dixo que era ſu muger.
*Dor.*No lo entiendo.
*Ger.*Como no?
ſi penfò que la queſtion,
era por Fenifa alli,
no fue ſutil inuencion
hazerla ſu muger.
*Dor.*Si,
tienes Gerarda razon,
pero mi zelofo honor,
aun quiere deſto mas prueba.
*Ger.*Tambien la pide mi amor.
*Dor.*Eſta foſpecha me llena
de vn tema ora otro mayor.
*Ger.*Quieres que los dos fepamos,
ſi es verdad que ama a Fenifa?
*Dor.*Si quiero.

*Ger.*A ſu cafa vamos.
*Dor.*Qual ignorancia te auifa,
que ſi le quiere digamos.
*Ger.*Digo yo que fea anſi.
*Dor.*Pues como.
*Ger.*Yo entrarè huyendo.
*Dor.*De quien has de huir.
*Ger.*De ti,
que eres mi efpofo,diziendo
facaràs la daga.
*Dor.*Bien.
*Ger.*Pondrànos en paz ſu gente,
quedareme alli tambien,
donde a Fenifa le cuente,
que quiero a Lucindo bien,
y que por èl me matauas,
que te llame,y en fecreto
te diga lo que dudauas.
*Dor.*Gentil induſtria,en efeto
de muger.
*Ger.*Su ingenio alabas.
*Dor.*O mugeres.
*Ger.*Y Efpañolas.
*Dor.*Camina.
*Ger.*Si eſtamos folas,
ella dirà la verdad.
*Dor.*Mugeres con voluntad,
fon como la mar con olas.*Vanſe*

Salen el Capitan,Fenifa,y Belifa.

*Cap.*Si ſupiera vueſtro intento,
no le echara de mi cafa.
*Bel.*Yo os he dicho lo que paſſa.
*Cap.*Huelgome del cafamiento,
daros quiero el parabien.
*Bel.*Si mi bien camino và,
el parmal me darà,
quien me ha dado el parabien.
*Cap.*Si ya eſtuuiera auifado,
de que Lucindo os queria,
que en opinion le tenia
de hombre menos aſſentado.
Yo

Yo propio tratara aqui
Belisa del casamiento,
que es dar a mi bien aumento,
que nos troquemos anfi,
casado con quien es madre
de mi bien, como confio
de vos misma el hijo mio,
vengo yo a tener por padre,
y Fenisa mi muger:
y vuestra hija tendra
padre en Luzindo, y dara
a todo el mundo plazer
la difcrecion del trocar
las edades por los guftos.

Bel. Dado me aueis mil difguftos
en pretenderle aufentar;
y no os defcuideis en ir
donde el camino eftorueis.

Fen. Gran rigor vfado aueis.

Cap. No me fupe refiftir.

Fen. Fue zelos por vida mia
del deftierro la ocafion.

Cap. Zelos de fu vida fon,
que vna cierta Eftefania
le trae de manera ciego,
que le han querido matar
dos hombres defte lugar,

y le matan fino llego.

Bel. Pues quiere a alguna muger?

Fen. Que es lo q efcucho, ay de mi!

Cap. Afsi entonces lo entendi,
mentira deue de fer, o efpera
no me acorde que le amaualfe
perdonad, que por el voy.

Bel. Confula Fenifa eftoy.

Fen. Mi penfamiento dcuidais.

Bel. Si tiene alguna muger
buen lance auemos echado.

Fen. A ti poco te ha burlado,
fi burla te quifo hazer;
pero a mi que me engaño
fingiendo amarme de veras.

Bel. Que dizes?

Fen. Que no creyeras
lo que efte viejo contò,
que con los zelos que tiene
finge dos mil defatinos.

Bel. Porque notables caminos
a darnos enojo viene;
gente fe nos entra en cafa.

Fen. Dexòfe abierta la puerta.

Bel. Bien harà lo que concierta
fi a otra muger tiene y a:

Sale Gerarda huyendo, y Dorifteo la daga defnuda.

Ger. Fauor feñores, focorredme prefto,
que me mata efte barbaro tirano.

Dor. Quien te ha de dar fauor infame adultera.

Bel. Tened feñor, no la mateis os ruego.

Fen. Paffo feñor, porque la dais la muerte.

Ger. Yo adultera feñor.

Bel. Tened la mano,
refpetad eftas tocas norabuena.

Dor. Sino mirara efta prefencia noble,
de vueftra calidad notorio indicio,
el coraçon le huuiera atrauefado.

Ger. Y matarafte en el, que en el te tengo.

Dor. Aora amores, falfa, vil, perjura,

aora

ªora hechizerias, viue el cielo.

Fen. Acabad si quereis, que venis loco,
y algun demonio reuestido en zelos
os deue de mouer la lengua, y manos:

Bel. No aueis de estar aqui por vida mia:
venid, que os quiero hablar en mi aposento,
descansareis de vuestro mal contraigo.

Dor. Yo os quiero obedecer, y referi. le,
aunque trayga mi infamia a la memoria.

Bel. Pues con mi hija quedarà esta dama:
que nombre tiene?

Dor. Estefania se llama.

Vanse los dos.

Fen. De gran peligro os ha librado el cielo.

Ger. Ay señora, que estoy temblando toda,
donde me podrè yr.

Fen. No tengais miedo,
contadme vuestro mal.

Ger. Si harè si puedo.
Yo soy gallarda señora,
vna muger desdichada;
aunque esto ya lo sabeis,
pues lo veis en mi desgracia:
naci en Burgos, ciudad noble,
y mis padres que Dios aya,
me traxeron a la Corte
niña en los braços del ama:
criaronme en su regalo,
y de mi talle, ò mis galas,
rendido el hombre que veis,
me pide con grandes ansias:
Casaronme a mi disgusto,
en fin sobre estar casada
de la manera que digo,
carga el peso desta infamia:
Vime sin gusto con el,
mil vezes determinada
para quitarme la vida.

Fen. No digais tal.

Ger. Esto passa.

Fen. Pues por desdicha ninguna
dize vna muger Christiana.

que se ha de quitar la vida.

Ger. Señora, experiencia os falta,
no sabeis lo que es tener
en la mesa, y en la cama,
vn enemigo de dia,
y de noche vna fantasma:
mas mi desesperacion
fue en este medio templada,
con la vista de vn mancebo,
soldado, y sol, dado al alma:
era vn Alferez galan,
por quien por puntos les daua
a las niñas de mis ojos,
alferezia sin causa,
que en la mala compañia
del marido que me dauan,
pensè que con vn Alferez
pudieran sufrir las faltas:
pagòme la voluntad,
y con obras, y palabras
marchamos diez y seis meses,
lleuandose amor las armas:
mas como en marchando amor
toca la embidia las caxas,

oso

oyè el vando mi marido,
y los tiros a su fama,
començò a tener sospechas,
puso vn espantajo en casa
para que el pajaro viesse,
que el ortelano velaua:
busquè medios por vezinos,
huuo puertas, y ventanas,
porque quando quieren dos
facilmente se baraja:
mas para abreuiar señora,
con mi amor, y mi esperança:
no ha faltado quien me ha dicho
que el ver mi marido en arma
hizo a Luzindo mudar
(que assi el Alferez se llama)
el alma, y el pensamiento
adonde agora se casa
con vna Fenisa, dizen,
a quien de discreta alaban;
que quien la alaba de hermosa,
dizen, que a su rostro agrauia,
he perdido tanto el seso,
que he salido de mi casa,
y buscado de tal suerte
este ingrato que me agrauia,
que oy como veis, mi marido
me ha topado disfraçada,
que pensaua hallarle aqui,
que aqui viue quien me mata:
conoceis en esta calle
esta dama, hermosa dama;
sabeis quien es por ventura
la que mis desdichas causa;
que ya que de mi marido
tomè puerto en vuestra casa,
tras el remedio del cuerpo,
de vos espero el del alma.
Fen. Que Luzindo os quiere bien?
Ger. Conoceisle?
Fen. A Dios pluguiera,
que ni yo le conociera,
ni el a mi.

Ger. Ni vos tambien,
cosa que atiento aya dado
con la causa de mi mal.
Fen. El vuestro no ha sido igual
al mal que me aueis causado;
yo soy Fenisa, ay de mi!
engañada de este ingrato,
que no sabiendo su trato
mucho del alma le di:
yo soy con quien de secreto
su casamiento tratò;
porque no pensaua yo
tanto mal en tal sugeto.
pero pues a tiempo estoy,
y mi honor saluo, creed,
que agradezco la merced,
y que de mano le doy;
oy con su padre me caso,
por solo hazerle pesar,
que le tengo de abrasar
con el fuego en que me abraso;
y pues que vos le quereis
gozadle por largos años.
Ger. q vos me hazeis tantos daños,
y que vos muerto me aueis,
que vos os llamais Fenisa?
Fen. Estad segura, que ya
Luzindo vuestro serà.
Ger. Mi desengaño os auisa;
es el hombre mas traidor,
mas mudable, y lisongero
que ha visto el mundo.
Fen. No quiero
mas desengaños amor,
a Dios gustos atreuidos:
vuestro nombre?
Ger. Estefania.
Fen. Bien su padre me dezia.
no eran sus zelos fingidos;
ya sabia vuestro nombre;
ya sè todo lo que passa.
Ger. No admitais en vuestra casa
pues que sois cuerda tal hombre
mi-

mirad que os ha de quitar
el honor.
Fen. Pierde el miedo.
Ger. Ya señora, que me puedo
de mi marido librar,
dadme licencia que quiero
irme en casa de vna hermana.
Fen. Quereis verme.
Ger. Cosa es llana
ser muy vuestra amiga espero,
ay puerta falsa?
Fen. Si aurà,

si por Lucindo salis.
Ger. Que bien señora dezis,
a Dios.
Fen. Presto que os verà.
Ger. Famosamente he sabido
de Lucindo el pensamiento,
y su gusto, y casamiento,
por notable estilo impido,
bella muger, lindo talle,
muriendo me voy de zelos,
guardad a Luzindo cielos,
q he de matarle en la calle. *Vas*

Fen. Salga del alma aquel violento rayo,
Que la dexò como ceniça fria;
Porque parezca la esperança mia,
Palma sobre las nieues de Moncayo.
Ya estaua en flor, quando en mitad de Mayo
El yelo derriuò su loçania,
Que quanto muda el tiempo, basta vn dia,
Para que su verdor trueque en desmayo.
No mas gustos de amor, que sois engaños,
Que lleuan la razon por los cauellos,
No sufra el alma tan injustos daños.
No quiero bienes ya, por no perdellos,
Mas como oluidare con desengaños,
Si dize, que se aumenta amor con ellos.

Sale Lucindo.

Luz. Con la determinacion
bella Fenisa, de ser
en tan dichosa ocasion,
tu esposo, y tu mi muger,
que nombres seguros son,
he tenido atreuimiento,
de llegar a tu aposento,
y dexo vn coche en la calle,
que de esse gallardo talle,
viene à ser alojamiento,
ven sin poner dilacion
al coche, Fenis diuina,
porque en aquesta ocasion,

te quiero hazer Proserpina
deste abrasado Pluton,
que te suspendes? que miras?
Fen. No quieres que me suspenda,
que dizes? burlas? deliras?
con quien hablas?
Luz. Dulze prenda
del alma, a que blanco tiras?
ay alguien con quien cumplir,
no es hora ya de salir,
como a noche concertè.
Fen. Con quien el concierto fue,
esso me buelue a dezir.
Luz. No me hablaste a noche?
Fen. Si.

Luz.

Luz. Lo que concertamos di⁵
Fen. Que te cases con mi madre,
   pues yo lo estoy con tu padre.
Luz. Con tu madre? esto fingi.
Fen. Ya no puede ser fingido,
   testigos ay que has tratado
   ser de mi madre marido.
Luz. Luego tu me has engañado.
Fen. El engaño tuyo ha sido,
   de mi no ay que pretender,
   que soy muger de tu padre,
   y mi madre es tu muger
Luz. Como mi muger tu madre,
   demonio deues de ser,
   no te acuerdas que tu fuiste
   la que primero me quiso.
   Tercero a mi padre hiziste,
   mi padre me dio el auiso,
   y te hable donde quisiste
   en orden a nuestro intento,
   fingimos el casamiento,
   que me dizes de tu madre.
Fen. Yo soy muger de tu padre,
   esto es verdad, y esto siento,
   si mi madre no te agrada,
   mas señora, mas honrada,
   que tu dama Estefania:
   vete à buscarla, y porfia,
   que es dulze la fruta hurtada,
   mas guarda que su marido
   te busca.
Luz. En lo que has hablado,
   zelosa te he conocido,
   sin duda te han engañado
   con esse nombre fingido,
   mi lacayo Hernando fue
   vna noche Estefania,
   que assi al Prado le lleuè,
   no dilates Fenis mia
   el galardon de mi fee,
   que si he visto a Estefania
   la vida me quite el cielo.
   Falteme el Sol, falte el dia,

sepulteme viuo el suelo,
   y pierda tu luz, luz mia,
   mira que te han engañado,
   porque Hernando disfraçado,
   ha sido la Estefania.
Fen. Conozco tu aleuosia,
   tarde Luzindo has llegado,
   y no me hagas perder
   el respeto, que has de ser
   antes de vna hora mi padre,
   que al marido de mi madre,
   deuo por padre tener.
Luz. Que dizes?
Fen. Lo que has oido.
Luz. Tienes sesso?
Fen. El que te falta.
Luz. O tu, ò yo le hemos perdido.
Fen. Esso si, dà vozes falsas,
   que ya vendrà mi marido.
Luz. Valgame Dios.
Fen. Valga pues.
Luz. Matareme?
Fen. Necedad.
Luz. Pues que harè?
Fen. Casarte.
Luz. Ves
   como fue mi amor verdad,
   y tu liuiandad lo es:
   vès como vine por ti,
   y que como hombre cumpli
   lo que à noche concertè:
   vès como muger te hallè,
   y no muger para mi:
   vès como es bien empleado
   todo quanto mal dezimos
   de vosotras: vès que estado,
   conforme el concierto hizimos,
   preuenido, y confiado.
   Pues plegue a Dios, que te veas,
   y tan presto arrepentida,
   que tu mi vengança seas,
   que en lo que toca a mi vida,
   serà lo que tu deseas:

gozarà mi padre, que es padre,
y es mejor que yo en efeto; y
puesto que menos te quadre,
que yo serè tan discreto,
que la muger trueque en madre,
que pues mi padre me embia
a Portugal, porque tal
delito en quererte hazia,
me passarè a Portugal
por la libertad, que es mia. *Vase.*

Fen. Ay Dios, detente señor;
pero no, que es cauteloso,
vaya esta vez el traidor.

Sale Hernando.

Her. Oye, escucha.
Fen. Que hazes señas.
Her. Tan tibia en esta ocasion:
Como esse rigor me enseñas?
no vino Luzindo aqui,
segun me dixo, por ti?
Fen. Ya estamos desconcertados.
Her. Como?
Fen. Ay amores casados,
no era bueno para mi,
quien es vna Estefania,
a quien Luzindo queria.
Her. Hasta acà llega el enredo.
Fen. Que enredo.
Her. Dezirte puedo,
que fui yo essa dama vn dia.
Fen. Tu essa dama?
Her. Disfraçado
con vn manto estuue al lado
de cierta dama; en efeto,
di zelos, y esto secreto,
no sepa que lo he contado,
que mi señor la queria
antes que os viesse; y despues
os juro señora mia,
que vn tigre a sus ojos es,
aunque se cansa, y porfia,
que anda perdida, y zelosa.

Fen. Sin duda me han engañado.
Her. Yo se que no ay otra cosa,
que le dè en Madrid cuidado,
sino vos Fenisa hermosa:
mas que le dirè.
Fen. No sè,
que viene mi madre aqui:
huye.
Her. Por alli me irè. *Vase.*

Sale Belisa.

Bel. Ya Fenisa, despedi
aquel hombre.
Fen. Y como fue?
Bel. No sè si podrè de risa
contarte lo que ha passado.
Fen. De todo madre me auisa.
Bel. De verte se ha enamorado.
Fen. Tan presto?
Bel. Escucha Fenisa,
que te quiere por muger.
Fen. Siendo casado?
Bel. Es enredo,
que esta muger quiso hazer.
Fen. Que son zelos, tengo miedo.
Bel. Zelos deuieron de ser:
contòme, que concertaron,
que se hiziesse su marido,
porque los dos sospecharon
el que su hermana ha seruido,
y ella que aqui le engañaron.
Fen. A quien?
Bel. A Luzindo.
Fen. Bien,
que de Luzindo son zelos.
Bel. Y a mi me los dan tambien.
Fen. Pusieron en paz los zelos
su verdad, y mi desden;
perdi gallarda ocasion
de gozarle a mi contento;
mas no faltarà inuencion,
oy serà mi casamiento
en casa, y con bendicion:
mas

L

madre no efté diuertida,
defpues que efta cautelofa
muger, falfa, y atreuida,
vino fin vida zelofa,
para quitarnos la vida:
ha eftado Luzindo aqui
y me ha dicho que la adora.
Bel. Es cierto?
Fen. Efto paffa anfi;
pero dizeme feñora,
que hablando a fu padre en ti
fe halla muy defabrido
en que fea tu marido,
y que es forçofo en efecto
el facaros de fecreto.
Bel. Siempre lo tuue entendido;
no quifiera el Capitan
que fu hijo fe cafara,
donde mormurar podran,

que el viejo goza efta cafa,
y que a Luzindo me dan,
pues mi marido ha de fer.
Fen. El dize, que en tu apofento
te quiere efta noche ver.
Bel. Que fientes de effo.
Fen. Que fiento,
que alli feras fu muger,
Bel. Traçalo pues anochece.
Fen. Vete a preuenir, y calla.
Bel. Mi ventura me enloquece,
por no darte que embidialla,
no digo lo que me crece:
voy aperfumarlo todo,
y que efté con grande affeo.

Vafe.

Fen. Hazlo madre de effe modo,
que bien mis bodas rodeo,
y el nueuo engaño acomodo.

Sale el Capitan.

Cap. Es mi Fenifa?
Fen. Soy quien te defea;
adonde efta Luzindo, que mi madre
ya quiere efetuar el cafamiento.
Cap. Que cafamiento?
Fen. El fuyo con el mio.
Cap. Bien dize, y no aguardemos a mas terminos,
que ya los dos tenemos corta vida.
Fen. Yo eftoy feñor tambien defengañada,
de que no era Luzindo el que venia,
de noche a mi ventana.
Cap. Que me cuentas?
Fen. Oy fupe que era vn cierto amigo fuyo,
y affi quiero que vayas a bufcarle,
y le digas que ronde aquefta noche
la puerta defta cafa, con Hernando,
porque anoche a las diez, por la ventana,
del huerto, entró el amigo que te digo,
y a la puerta llamó de mi apofento:
leuanteme penfando que mi madre
venia a vifitarme, y fino cierro,
no dudes que fucede vna defgracia.

Cap.

Cap. Ay maldad semejante, viue el Cielo,
que he de ser yo quien ronde.

Fen. No mis ojos,
que en esse tiempo aueis de estar conmigo.

Cap. Adonde.

Fen. En mi aposento de secreto.

Cap. Dadme essas manos.

Fen. Aduertid, que quiero
que vengais muy galan, y reboçado,
y que os hagais la barua, que no gusto
de verla de essa hechura, que en efecto,
parecereis mejor mas atusado.

Cap. Quien para tanta gloria se preuiene,
no dudeis que vendrà galan de todo,
la barba harè cortar a vuestro gusto;
pues hazerse la barba es muy de nouios,
y yo lo he de ser vuestro,

Fen. Ya es muy tarde,
habla a vuestro hijo.

Cap. El Cielo os guarde.　　　　*Vanse.*

Luz. Arrepintiose.

Her. Que dizes?

Luz. Lo que oyes.

Her. No lo creas.

Luz. Ni tu mudanças que veas.

Her. Son retoricos matices
para encarecerme el bien,
hasla por dicha gozado
que te veo muy mirlado.

Luz. Y aun muerto me vès tambiē.

Her. Hablas de veras?

Luz. Lleguè
para sacalla de alli,
y de manera la vi,
que dando vozes baxè,
bolui el coche, y los amigos
se boluieron.

Her. Toda se abrasa,
y estos ojos son testigos.

Luz. Como?

Her. De zelos crueles.

Luz. Pues de quien,

Her. De Estefania.

Luz. Que esto dure toda via,
no me aflijas, como sueles,
que todo nace de amor.

Her. Tu padre.

Luz. No importa nada.

Sale el Capitan.

Cap. Bien aprestas la jornada.

Luz. Mañana me voy señor.

Cap. Bueno es esto, estàs casado
con Belisa, y vaste luego.

Luz. Esto ha sido burla, y juego.

Cap. Yo sè que tomas estado;
pero que sea, o no sea,
ya te quedaràs aqui.

Luz. Porque?

Cap. Porque ya entendi,
quien a Fenisa dessea,
y aun es grande amigo suyo.

Luz. Tambien te auràn engañado.

Cap. Ya Fenisa me ha contado

L 2　　　　que

mad
de

do engaño ſuyo,
noche paſsò
d de la huerta,
ona, o incierta,
ento llegò;
o abrir, y viendo
no, cerrò.

Luz. Eſtraño
huuiera ſido el engaño.

Cap. Dio vozes, y fueſſe huyendo,
hame dicho que te diga
rondes eſta noche alli;
haraslo anſi.

Luz. Si ſeñor,
mandarmelo tu me obliga.

Cap. Pues yo vengo muy deprieſſa,
armate, y guardete Dios. *Vaſe.*

Lu. Oy nos caſamos los dos.

Her. Como

Luz. Ya entiendo a Feniſa,
quiere que entre a ſu apoſento
por el huerto.

Her. Dizes bien;
y que ella eſtarà tambien
alli con el miſmo intento:
mas los zelos le han picado,
oy ſe cumplen tus deſeos.

Luz. Porque notables rodeos
a mi remedio hè llegado;
vente armar, porq̃ has de entrar
al huerto, y guardar la puerta.

Her. Beatriz es dama encubierta;
pero allà la pienſo hablar. *Vanſe.*

Salen Doriſteo, y Finardo.

Fin. Yo no sè ſi le llame deſengaño
el que de vueſtra hermana aueis tenido,
pues veo que reſulta en vueſtro daño,
viniendo de Feniſa tan rendido.

Dor. Hizo Gerarda aquel enredo eſtraño,
entrè fingiendo que era ſu marido,
pero en viendo a Feniſa, quedè luego
ciego del rayo de ſu ardiente fuego.
Eſtuue con ſu madre en ſu apoſento,
y ſi verdad os digo, dixe el caſo,
y pedila a Feniſa el caſamiento.

Fin. Eſtas ſon ſus ventanas, hablad paſſo.

Dor. Ay diuino, y dichoſo alojamiento,
de la dezima Muſa del Parnaſo,
de la muger mas bella, y Fenix ſolo,
que en la dama del Toro ha viſto Apolo.

Fin. Y que, os penſais caſar?

Dor. Si ella me quiere.

Fin. Es gente principal?

Dor. De virtud tanta,
que la donzella a las demas prefiere,
y la madre Finardo, es vna ſanta.

Fin. Que hazienda tiene?

*Dor.*Sea la que fuere,
virtud en dote a todos se adelanta,
de su recogimiento, y virtud quiero
hazer Finardo el dote verdadero.

*Entre el Capitan con barba diferente
muy hecha en habito de noche, y
Fulminato.*

*Cap.*Ya puedes boluerte a casa.
*Fin.*Gente passa.
*Dor.*Y encubierta.
*Fin.*Creo que para a la puerta,
que de la puerta no passa.
*Ful.*Mandas que te aguarde aqui,
o que llame otros criados.
*Cap.*No, que aquellos emboçados
vienen aguardarme ami:
entrò, bueluete.　*Vase.*
*Ful.*Quien son.
*Cap.*Luzindo, y Hernando.
*Ful.*Quiero hablarlos.
*Fin.*Entrò.
*Dor.*Que espero.
*Fin.*Gran virtud, gran religion.
*Ful.*Es menester compañia.
*Fin.*Passe adelante galan,
*Ful.*Perdonen.
*Dor.*Perdon le dan
*Ful.*Que por otros los tenia.*Vase.*
*Dor.*Corrido estoy viue Dios.
*Fin.*Que gran dote es la virtud.
*Dor.*Tal les dè Dios la salud.
*Fin.*Pues quedo.
*Dor.*Como.
*Fin.*Otros dos.
Salen Luzindo, y Hernando.
*Lu.*Pies en mi amor os tened.
*Dor.*Echo escala?
*Fin.*Y suben ya.
*Dor.*Que casa es esta.
*Fin.*No sè,
que es fuerça es lo mas seguro,
pues por la puerta, y el muro

tanto enemigo se vè.
*Do.*Suben los dos.
*Fin.*Assi passa.
*Do.*Muchas mugeres aurà
*Fin.*Pues mas gente viene ya,
que aun no està llena la casa.
Sale Gerarda en habito de hombre.
*Ger.*Por ver si aquel mi enemigo
viene a rondar por aqui,
salgo de mi casa ansi
con mi amor, y sin testigo:
no creo que me engañado,
el, y su Hernando seràn
los que en esta esquina estàn;
à que buen tiempo he llegado.
Eres tu cruel.
*Do.*Quien và.
*Ger.*Yo soy Luzindo.
*Dor.*Quien?
*Ger.*Yo.
*Dor.*Es Gerarda.
*Ger.*Tuya no,
de Doristeo soy ya.
*Dor.*Yo soy esse Doristeo.
*Ger.*Tu pues que buscas aqui.
*Dor.*A ti te busco,
*Ger.*Tu a mi.
*Fin.*Con vn mismo intento os veo,
tu por Fenisa venias.
y tu por Luzindo vienes.
*Dor.*Es sin duda.
*Ger.*Razon tienes.
*Dor.*Oy auemos sido espias,
mas mira que casa aquella,
tres hombres tienen allà.
*Ger.*Tres hombres.
*Fin.*Y aun treinta aurà.
*Ger.*A fe que es Fenisa honesta,

L3

llama con vna inuencion,
para que quien lo sepamos.

Fin.Fuego, que ay fuego digamos.

Do.Y no con poca razon.

Fin.Fuego, fuego.

Do.Fuego.

Her.Fuego.

Dentro Belisa.

Bel.Fuego en mi casa, ha criados.

Dor.Fuego.

Bel.A vezinos honrados,
Fenisa leuanta luego.

Dentro Fenisa.

Fen.Fuego, madre.

Do.Que se abrasa
la casa.

Dentro Luzindo.

Lu.Luzes de presto.

Salen el Capitan, Belisa, Luzindo,
Fenisa, y Hernando con vna hacha
encendida.

Cap.Fuego en la casa.

Bel.Que es esto.

Luz.Fuego en casa.

Fen.En casa fuego.

Her.Donde señor esta el fuego.

Ger.Entre vosotros esta,
pero nadie lo vera
estando el honor tan ciego
dentro de vna casa honrada,
de vna muger como vos
a dos hombres.

Dor.Como dos,
y aun tres.

Her.Hermosa empanada.

Bel.Yo con mi marido estoy.

Cap.Y yo estoy con mi muger.

Bel.Otro pensé yo tener.

Cap.De otra que aborrezco soy.
que es aquesto Fenisa?

Luzindo me he casado.

No me has engañado.

mas ya lo dize tu risa.

Cap.Di Luzindo, a vn padre noble
los buenos hijos engañan.

Luz.Señor yo adoro a Fenisa,
y ella como ves me paga;
quanto contigo trató
son enredos que buscaua
para casarse conmigo:
los que presentes se hallan
aunque mis contrarios sean,
juzguen señor nuestra causa:
no es mejor que el padre mio
con esta señora honrada,
que es madre de mi muger,
se case, pues que se igualan,
en meritos, y en edad;
y que como nuestras almas
los dos juntemos los pechos,
habla, y perdona Gerarda.

Ger.Aunque zelosa venia,
la razon Luzindo es tanta,
que con los dos assessores,
que a este pleito me acompaña,
digo que tu padre sea
de Belisa, y que esta dama
te goze Amen, muchos años.

Dor.La sentencia esta bien dada,
y yo la confirmo.

Fin.Y yo.

Luz.Dame essa mano.

Fen.Y el alma.

Cap.Dadme vos tambie la vuestra.

Be.Dais hora, y remedio a entrabas.

Her.Para tan viejo rozin
qualquiera silla le basta.

Ger.Los dos me acompañareis.

Do.Lleuaremoste a tu casa.

Cap.Hernando auisa en la missa,
que allà cenan estas damas.

Her.Para en vno sois por Dios.

Lu.Si es para muchos la farsa,
mi amor lo diga, y dè fin
la Discreta Enamorada.

CO.

CPSIA information can be obtained
at www.ICGtesting.com
Printed in the USA
LVHW06s1334171018
593914LV00015B/282/P